元素周期表で世界はすべて読み解ける

宇宙、地球、人体の成り立ち

吉田たかよし

光文社新書

はじめに

周期表と京都の美しい関係？

みなさんは、京都の街をお散歩したことはありますでしょうか。実は、周期表の魅力に惹《ひ》かれるようになった私の原点は、この京都の街にあったと思うのです。

ご存じのように京都は、東西に走る通りと南北に走る通りが垂直に交差する、碁盤の目のような都市です。私は、そんな理路整然とした街並みの中で生まれ育ちました。

京都の繁華街の中心部は四条河原町《しじょうかわらまち》です。南北に走る河原町通りと東西に走る四条通りが交わる場所なので、四条河原町といいます。

四条河原町から河原町通りを北に向かって散歩するのが、私のお気に入りのルートでした。歩を進めていくと、河原町三条、河原町二条を通り過ぎ、やがて北端の葵橋に至ります。四条通り、三条通り、二条通りと、通りの名前の数が少なくなるにつれて、北方のずっと遠くに見えていた比叡山《ひえいざん》が、次第に近く、大きく見えてくるようになるのです。こうした京都の街並みが描き出す秩序は、幼い私には、何とも心地よく感じられるものでした。

その後、京都を離れ、東京の大学に進むことになります。大学では量子化学という分野を専攻しました。量子化学とは、電子の軌道を理論的に計算することにより、実験に頼ることなく化学反応の本質を解き明かす学問です。

量子化学の研究に打ち込んでいたある日、押入れの中から高校時代の化学の教科書が出てきました。懐かしいなと思って久しぶりに開いてみて、巻頭に掲載されていた周期表が目に入った瞬間、忘れていた故郷の京都の街並みがフラッシュバックしてきたのです。

その理由は、周期表で示された秩序が、京都の世界観と見事に共通しているように感じられたからです。

たとえば、周期表の右から2つ目の列には、ハロゲンと呼ばれる元素が縦に5つ並んでいます。フッ素、塩素、臭素、ヨウ素、アスタチン……。これが、私にとっては河原町通りに感じられてならないのです。

ハロゲンは、周期表の中で、ひとつずつ上の段に上るごとに、元素の性質が少しずつ変わっていきます。これが、河原町通りを北に向かうと少しずつ比叡山が近づいてきたのと、実によく似ていると感じさせるのです。京都の街並みと重ね合わせると、元素が織りなす均整のとれた秩序や、それを見事に表した周期表が何とも愛《いと》おしく感じられます。少なくとも私にとっては、周期表への愛着の根底に、こうした秩序の美しさに惹かれる思いがあるような気がします。

具体例としてハロゲンをあげましたが、周期表で最も右端の列の「希ガス」や、最も左端の列の「アルカリ金属」、左から2番目の「アルカリ土類金属」など、特に周期表の両サイドを占める元素はこのような秩序を持っています。だからこそ、周期表を眺めるたびに、河原町通りを散歩した原体験がいつも脳裏によみがえるわけです。

このような魅力にあふれ、心が惹かれる麗しい存在……。これが、元素周期表に対して私が抱いているイメージです。

しかし、とても残念なことですが、周期表に対してこのような印象を持っているのは、私だけかもしれません。みなさんは、元素周期表といえば何を思い浮かべるでしょうか。

「元素を暗記するのが面倒だった」
「周期表がうっとうしくて化学が嫌いになった」
「勉強が大変で、この世に周期表なんてなければいいのにと思った」
といった、否定的な感想をお持ちの方が圧倒的に多いのではないでしょうか。

「周期表って、本当に面白いよね」とか、「高校時代、周期表にロマンを感じた」などと話す人には、今までお目にかかったことはありません。実際、私自身も高校生のときは、まったく面白みを感じませんでした。

今にして思えば、高校の化学の授業で周期表の魅力を感じ取ることができなかったのは、周期表の教え方に致命的な欠陥が2つあったためだと考えています。

ひとつ目の欠陥は、私たちにとって周期表がとても役立つものだということを十分に伝えられていないこと。現状の周期表についての教育には、この視点が大きく欠落していると感じます。

難しくもシンプルな学問

量子化学の研究にロマンを感じながらも、やがて人命に関わる仕事がしたいと思い、私は医学部に再入学しました。卒業して医者になってから、栄養素や毒物の研究をする中で、初めて周期表が役立つものだと実感することができたのです。専攻を化学から医学に変えた後で周期表が好きになったというのは、偶然ではないでしょう。「あらゆる物事に役に立つ」という具体例の積み重ねこそが、周期表への興味に直結するのです。

だからこそ、周期表を学ぶときは、医学や健康にどのように役立つかという視点で元素を扱うことがとても重要です。もちろん本書では、できる限りこうした視点を積極的に取り入れています。医者である私が周期表の解説をする理由もここにあると考えています。

授業で周期表を教えるときに、生徒に興味を持たせられないもうひとつの原因は、周期表の本質が十分に伝えられていないことです。

私も高校時代は、周期表に掲げられた元素の名前と性質を丸暗記するのに精一杯で、「周期表なんて元素の一覧表だ」くらいにしか考えていませんでした。しかし、大学で量子化学を学んだところ、周期表の見方が１８０度変わったのです。

周期表とは何かと問われたら、私は迷うことなく次のように答えています。

周期表とは、量子化学の結論を、数式に頼らず表すものである。

量子化学とは、元素の性質や化学反応を数式で解き明かすものです。理論的には、地球上はもとより宇宙も含め、すべての化学反応は数式で表せるはずなのです。

ただし、これはものすごく複雑な数式となり、容易には計算できません。１９８１年にノーベル賞を受賞された福井謙一博士は、この課題に真正面から取り組み、新たに提唱したフロンティア軌道理論によって、一部の軌道の計算だけで化学反応を解き明かせることを明らかにしたのです。

とはいっても、私たちが皮膚感覚で化学反応を理解するためには、数式によって描かれた元素の性質を何らかの形で模式化しなければなりません。実は、量子化学の世界を、一部ではありますが誰でもわかるように模式化することに成功していたものが、周期表に他ならないのです。

だから、量子化学を理解していない人が教える周期表の知識は、単なるセミの抜け殻だと私は思います。高校の化学の授業は、それを詰め込んでいるのだから、周期表が面白くなるはずはないのです。

そこで本書では、方程式で成り立つ量子化学の世界観を、周期表を工夫することで、できるだけ数式は使わず説明いたします。それでも、読んでいただければ量子化学の魅力の本質はお伝えできるものと確信しています。

本書の大まかな構成は、次のようになっています。

第1章では、周期表はどのようにできているのか、また、そもそも元素とは何かについてお話しします。一見しただけでは複雑かつ無秩序に見える周期表ですが、きちんとポイントをつかめば、美しい交響曲の楽譜のように元素が秩序だって並び、ハーモニーを奏でていることがおわかりいただけるでしょう。

第2章では、元素から宇宙の成り立ちを見ていきます。自然界にある元素は、地球ではなく宇宙で生まれました。周期表を使ってその軌跡をたどることで、宇宙がどのように進化してきたかも知ることができるのです。

さらに、宇宙の成り立ちを知れば、人間に至るまで進化の階段をのぼり続けてきた生命の歴史をひも解くこともできるのです。宇宙と生命との関わりを解明する学問をアストロバイオロジー（宇宙生物学）といい、近年、米国や欧州を中心にさかんに研究が行われるようになりました。第3章ではこうした研究成果をふまえ、宇宙にある元素と人体にある元素の共通点にせまります。

第4章では、視点をぐっと近づけ、私たちの体を構成する元素について見ていきます。人体は精密機械をはるかに凌ぐ高性能装置だともいえますが、とくに重要なのは神経と筋肉の仕組みです。私たちを動かしてくれるそれらの機能の裏には、周期表が生みだす元素のマジックが潜んでいるのです。

第5章では、近年何かと話題に上るレアアースを取り上げます。ひとくくりにレアアースと呼ばれていますが、その中には、どのような元素があり、なぜこんなにも世界の経済を振り回しているのでしょうか。また、周期表ではレアアースが「はみ出し組」のような位置づけになっており、そのことが、周期表が今現在の形になったことに大きく影響を与えています。しかし、元素の性質をより完璧に表そうとすると、実はさまざまな形の周期表が考えうるのです。そこで、既成観念にとらわれないユニークな形の周期表をご紹介します。

元素は、常温で固体になるもの、液体になるもの、気体になるものと分かれますが、第6章では、その中でも気体の元素に焦点を当てます。私たちをとりまく大気がどのような元素で満たされているのか、これを機に知っていただきたいと思います。また、私が周期表で表された世界観の中で最も美しさを感じるのは、周期表で右端に並んだ「希ガス」と呼ばれる6つの元素群です。なぜ周期表の中でもひときわ美しい特徴があるのか、解説いたします。

生命体を維持するのに必要不可欠な元素がある一方で、毒になる元素もたくさん存在します。そこで最終章では、過去に起きた四大公害病も例にあげつつ、元素の毒性について見ていきましょう。

さあ、これより周期表という宝島の海図を手に、宇宙と人体の謎を探求する大冒険に出かけましょう。「難しそう」などという心配はご無用です。周期表という羅針盤を頼りにすれば、迷うことはありません。無事宝島にたどり着き、自然の摂理が生みだした壮大な光景を存分に楽しむことができるでしょう。本書を読み終えたとき、きっと、自然科学への興味がより深まっているはずだと確信しています。

典型元素

10	11	12	13	14	15	16	17	18
								2 He ヘリウム
			5 B ホウ素	6 C 炭素	7 N 窒素	8 O 酸素	9 F フッ素	10 Ne ネオン
			13 Al アルミニウム	14 Si ケイ素	15 P リン	16 S 硫黄	17 Cl 塩素	18 Ar アルゴン
28 Ni ニッケル	29 Cu 銅	30 Zn 亜鉛	31 Ga ガリウム	32 Ge ゲルマニウム	33 As ヒ素	34 Se セレン	35 Br 臭素	36 Kr クリプトン
46 Pd パラジウム	47 Ag 銀	48 Cd カドミウム	49 In インジウム	50 Sn スズ	51 Sb アンチモン	52 Te テルル	53 I ヨウ素	54 Xe キセノン
78 Pt 白金	79 Au 金	80 Hg 水銀	81 Tl タリウム	82 Pb 鉛	83 Bi ビスマス	84 Po ポロニウム	85 At アスタチン	86 Rn ラドン
110 Ds ダームスタチウム	111 Rg レントゲニウム	112 Cn コペルニシウム					ハロゲン	希ガス

63 Eu ユウロピウム	64 Gd ガドリニウム	65 Tb テルビウム	66 Dy ジスプロシウム	67 Ho ホルミウム	68 Er エルビウム	69 Tm ツリウム	70 Yb イッテルビウム	71 Lu ルテチウム
95 Am アメリシウム	96 Cm キュリウム	97 Bk バークリウム	98 Cf カリホルニウム	99 Es アインスタイニウム	100 Fm フェルミウム	101 Md メンデレビウム	102 No ノーベリウム	103 Lr ローレンシウム

元素周期表

典型元素（1〜2族） ⟷ 遷移元素（3族〜）

族（グループ）

周期	1	2	3	4	5	6	7	8	9
1	1 H 水素								
2	3 Li リチウム	4 Be ベリリウム							
3	11 Na ナトリウム	12 Mg マグネシウム							
4	19 K カリウム	20 Ca カルシウム	21 Sc スカンジウム	22 Ti チタン	23 V バナジウム	24 Cr クロム	25 Mn マンガン	26 Fe 鉄	27 Co コバルト
5	37 Rb ルビジウム	38 Sr ストロンチウム	39 Y イットリウム	40 Zr ジルコニウム	41 Nb ニオブ	42 Mo モリブデン	43 Tc テクネチウム	44 Ru ルテニウム	45 Rh ロジウム
6	55 Cs セシウム	56 Ba バリウム	57〜71 ランタノイド	72 Hf ハフニウム	73 Ta タンタル	74 W タングステン	75 Re レニウム	76 Os オスミウム	77 Ir イリジウム
7	87 Fr フランシウム	88 Ra ラジウム	89〜103 アクチノイド	104 Rf ラザホージウム	105 Db ドブニウム	106 Sg シーボーギウム	107 Bh ボーリウム	108 Hs ハッシウム	109 Mt マイトネリウム
	アルカリ金属	アルカリ土類金属							

ランタノイド

57 La ランタン	58 Ce セリウム	59 Pr プラセオジム	60 Nd ネオジム	61 Pm プロメチウム	62 Sm サマリウム

アクチノイド

89 Ac アクチニウム	90 Th トリウム	91 Pa プロトアクチニウム	92 U ウラン	93 Np ネプツニウム	94 Pu プルトニウム

原子番号 元素記号 元素名	典型元素	遷移元素

目次

第2章 周期表から宇宙を読み解く

第3章　化学反応を繰り返す人体

第4章　私たちはなぜ、動くことができるのか ―― 109

第5章　レアアースは〝はみだし組〟ではない！　131

第6章　美しき希ガスと気体の世界

第7章　周期表からリスクと健康を見きわめる

図版作成／株式会社ウエイド

第1章　周期表には何が書かれている？

元素周期表は両サイドから攻めろ！

周期表の縦の列は、左から1族、2族、3族と順番に数字がふられており、最も右側の列が18族になります。族というのは、同じようなタイプが縦に集まっているという意味です。

学校の授業では、「1族の元素は……」「2族の元素は……」といった具合に、周期表の左から右へと順番に教えられたことでしょう。教科書も参考書も、「第1章　1族の元素」「第2章　2族の元素」といった構成になっているものが多いようです。

しかし、化学の研究に携わっているプロは、こんな見方はしません。元素周期表を俯瞰《ふかん》して見る際の大鉄則は、次のひと言に限ります。

周期表は、左からではなく両サイドから攻める。

サッカーの試合で勝つには、守りが堅い中央から攻めるのではなく、両サイドから突破したほうがよいといいますが、周期表を攻略する場合も同じです。やはり両サイドから攻めたほうが、効率よく理解できるのです。なぜかというと、周期表は両サイドに近いほど、縦一列に並んだ元素の特徴がはっきりしているからです。

その一方で、周期表の中央付近は、電子の配置が複雑になる傾向があります。このため、同じ列にあるからといって、必ずしも元素の性質がよく似ているとは限りません。

ちなみに、私は族というネーミングが個人的に好きではありません。族というと暴走族を真っ先に連想しますが、古くは太陽族、みゆき族などが流行したように、ただ単に同じタイプが集まるだけではなく、どこか社会に反発するといったニュアンスが含まれているように感じます。族議員という言葉にも、明らかに否定的な意味合いが込められていますね。

ちなみに英語で1族、2族、3族は、グループ1、グループ2、グループ3と呼びます。ずいぶんシンプルな呼び方で、ぐっと身近に感じられます。どうも学者は難しい用語を使うのが好きなようですが、私は日本語でもこれでいいのではないかと思います。

実際、研究者同士で話をするときは、日本でもグループ名を使うことが多いのです。だから本書でも、これ以降は周期表の縦の列を、グループという表現で通したいと思います。

縦に似る典型元素、横に似る遷移元素

こうした周期表の両サイドと中央付近の性質の違いは、元素の呼び名にも表れています。

両サイドにあたるグループ1からグループ2と、グループ12からグループ18は**「典型元**

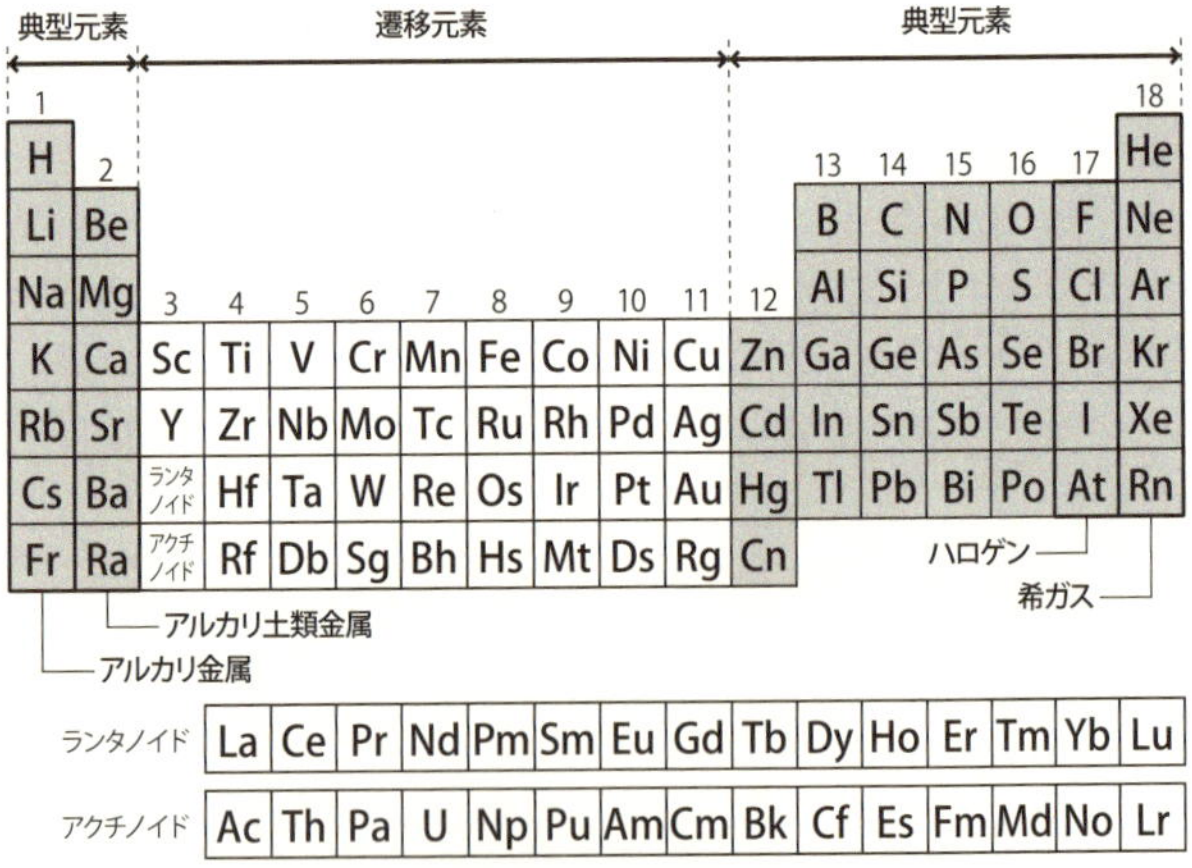

図1-1　周期表は両サイドから攻める

素」と呼ばれます。これは、元素の周期性が典型的に現れるということを示しています。

一方、グループ3からグループ11は**「遷移元素」**と呼ばれます。遷移は「移り変わる」という意味ですね。周期表の中で典型元素のグループ2からグループ12に移り変わる、「つなぎの元素」ということです。

つなぎといっても、どうでもいい元素という意味ではありません。遷移元素は縦のつながりが乏《とぼ》しいかわりに、横同士で元素の性質が似ていて、グループ3からグループ11までジワジワっとつないでくれるので、この名がついたわけです。

縦に並んだ元素はそれぞれどれくらい性質が似ているのか、典型元素の中であえてランキングをつけるとしたら、私はベスト４を次のように選びます。

①　グループ18（希ガス）
②　グループ１（アルカリ金属）
③　グループ17（ハロゲン）
④　グループ２（アルカリ土類金属）

実際のところ、２位と3位は微妙で、グループ１よりグループ17のほうが性質が似ていると考える研究者もいるでしょう。ただし、両サイドの列ほど元素の類似性が高まり、内側の列ほど類似性が減少するという点については、異論は出ないはずです。

また、類似性がトップなのがグループ18の希ガスであることも、疑いようがありません。なぜなら、グループ18の元素は、すべて電子の軌道が定員いっぱいの満席状態になっているからです。このため、このグループに属する元素は、一部の例外を除いて、他の原子と接触しても化学反応を起こすことはありません。

この希ガスについては、第６章でたっぷりご紹介することにしましょう。

予言が的中した未知の元素

あらゆる原子は、中心部に原子核があり、その周りを電子が回っています。原子核は、電気的にプラス1価の陽子と、電気的に中性の中性子がいくつか集まってできています。一方、周囲を回る電子は電気的にマイナス1価です。原子全体では電気的に中性となるので、原子核の陽子の数と原子核の周りを回る電子の数は等しいことになります。

原子核の陽子の数は、原子番号と呼ばれます。簡単にいえば周期表は、この原子番号の順に左から右へ元素を並べたものです。1番目は陽子が1個の水素、2番目は陽子が2個のヘリウム、3番目は陽子が3個のリチウム……といった具合です。

当然、原子核を回る電子の数も原子番号に一致します。つまり、原子番号の順に、ひとつずつ電子の数が増えていくわけです。そうすると、周期表の形に並べた場合に、外側の電子の状態が似た元素が見事に縦に並ぶことになります。

1869年、元素は周期的に性質が似ることに気づいたロシアの化学者メンデレーエフが、その法則を一覧表にまとめたことにより、周期表が誕生しました。原子の構造がわかっていなかった当時、様々な元素の関係性を一覧できる形で表したことは、極めて画期的なことだったのです。

さらに、一覧表にすることの利便性をまざまざと見せつけてくれたのが、**未知の元素の予言**です。メンデレーエフは元素の一覧表の中で、該当する元素が見当たらない場所を空欄としていました。そして、そこに入るべき元素を予言し、仮の名前までつけていたのです。

たとえば、周期表でアルミニウム（Al）の真下の空欄に入る元素は「エカアルミニウム」、ケイ素（Si）の真下の空欄に入るのは「エカケイ素」という名前をつけました。「エカ」とは、サンスクリット語で「1」を表し、アルミニウムのひとつ下という意味で「エカアルミニウム」、ケイ素のひとつ下という意味で「エカケイ素」という名前にしたわけです。

その後、「エカアルミニウム」や「エカケイ素」が実際に発見されました。まず、1875年には、フランスの化学者ボアボードランが、亜鉛の硫化鉱物の中からガリウム（Ga）を発見。その性質から、メンデレーエフが「エカアルミニウム」と名づけた周期表の空欄に入る元素であることがわかりました。

さらに、1886年には、ドイツの化学者ヴィンクラーが、アルジロダイトという銀鉱石の中から、ゲルマニウム（Ge）の単離に成功。こちらは、メンデレーエフが「エカケイ素」と名づけた周期表の空欄に入る元素であることが確認されました。

このように新しい元素が次々と発見され、周期表の空欄がメンデレーエフの予言通りに埋まっていったのです。これによって周期表の正しさは疑いのないものとなり、周期表は一躍、化学の表舞台へと押し上げられました。彼の卓越した慧眼《けいがん》には、ただただ敬服するばかりです。

ただし、現在の周期表についての教育は、こうした史実のみに引きずられすぎているように感じます。メンデレーエフには敬意を払いつつも、本当の周期表の魅力を実感するためには、冒頭で触れた量子化学の理解が、ある程度不可欠です。なぜなら周期表とは、量子化学の結論を、数式に頼らず表すものであるといえるからです。

量子化学とは何か

では、量子化学という学問は、何を明らかにするものなのでしょうか。元素周期表自体に関心があっても、こういった具体的な話になると、とたんに拒否反応を示す人が多いようです。化学を専攻する学生でさえ、ここが壁となってつまずく人もいます。

人の体は、約10の28乗（10^{28}）個の原子でできています。10^{28}を「穣《じょう》」というので、人体を構成する原子は1穣個ということになります。数は4桁ごとに、万、億、兆、京《けい》、垓《がい》、秭《じょ》、穣の順に大きくなるので、原子から見るといかに大きな世界で私たちが生きているのか、おわかりいただけると思います。

原子1個の世界は、１穣個の世界で暮らす私たちの常識が通用しない世界です。たとえば、午後7時30分ちょうどに、渋谷のハチ公前で集合……。私たちが生きる大きな世界では、このように時間と位置を同時に確定できます。だから、ルーズな性格でなければ、きちんと待ち合わせができるのです。ところが、原子1個の小さな世界では、こんな常識は通用しません。時間と位置を同時に確定させることは不可能なのです。

時間を決めれば正確な位置が決まらず、位置を決めれば正確な時間が決まりません。これを**「不確定性原理」**といいます。同時に位置と時間を正確に表すことはできず、ただ確率で表されるだけです。原子というミクロの世界は、こうした確率でしか扱えない、漠然とした物理法則が支配しているのです。

「なんだか、わけがわからない」と感じた方が大半でしょう。実際、私自身もはじめはそう感じました。正直にいうと、量子化学を学んだあとも、確率を数式で扱うことができるようになっただけで、直感的に理解できたかといえば、あやしいものです。

しかし、弁解するわけではないですが、これは私が勉強不足だからではありません。原子

1個の世界を、原子1穣個の世界の常識をもって理解することなど、そもそも不可能であり意味がないことだというのが本当のところです。

実際、20世紀で最も偉大な物理学者といわれているアインシュタインでさえも、最後まで量子理論を否定したまま、この世を去りました。

「神はサイコロを振りたまわず」

アインシュタインが残した有名な言葉です。この世の物理現象が、サイコロを振るように確率でしか表せないなんておかしいという主張です。

相対性理論という当時の常識を全面的に塗り替える理論を打ち立てた天才、アインシュタインでさえ、量子論は受け入れることができなかったわけです。凡人の私たちが直感で理解できないのは、無理もないことでしょう。

でも、だからといって、投げ出す必要はありません。量子化学は、確率を数式で分析すればよいので、それで事足ります。実際、私はそれで何の支障もありませんでした。

また、本書では模式化した図を用いて説明します。これでイメージがつかめれば、それで十分です。ただし、あくまでも模式化したものに過ぎず、本当は確率でしか表せないものなのだということは、頭の片隅に置いておいてください。

原子核をとりまく電子の「存在確率」

原子核の周囲を、電子が丸い軌道を描いて回っているようなイメージを持っている方も多いでしょう。それはそれで結構なことです。

しかし、本当の原子の姿は、このようなものではありません。不確定性原理が働くミクロの世界では、この瞬間に電子がどの場所にあると限定することなど、そもそも不可能です。

電子の位置をあえて表現すると、図１－２のように雲のような形になります。電子という「粒」が、ある瞬間に原子核の周りの特定の位置に存在しているのではなく、電子が存在する「確率」が原子核の周りに雲のように広がっているというのが正確なところです。

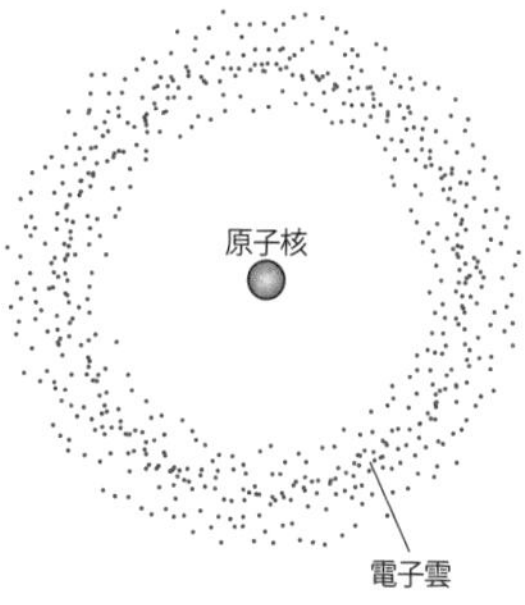

図1-2　電子雲

　これは**「電子雲」**と呼ばれています。便宜的に「電子の軌道」と呼んでいますが、正確にいうと原子核の周囲に広がっているのは「電子の存在確率」のことなのです。

$$\left[-\frac{h^2}{2m}\frac{d^2}{dx^2} + U(x) \right]\psi(x) = E\psi(x)$$

シュレディンガー方程式

この存在確率は、上のような**「シュレディンガー方程式」**を解くことで求められます。言い換えると、この方程式によって元素の性質や化学反応を解き明かすのが、量子化学という学問です。

この方程式の解説は別の機会に述べますが、大ざっぱに私たちの住む世界に当てはめていうと、

運動エネルギー＋位置エネルギー＝全体のエネルギー

ということを表しています。

私自身も、初めてこの方程式を見たときは、ずいぶん複雑そうだなと思いました。しかし極論をすれば、生命の営みも含め地球上のすべての化学反応は、このたったひとつの方程式にのっとって起こっているともいえるわけです。そう考えると、逆に自然の原理は実にシンプルで美しいと感動さえ覚えました。

ちなみにこの方程式は、一般的には高性能なコンピューターの力を借りて

解くしかありません。このため、こうした分野は「計算化学」と呼ばれ、現在では量子化学の中心的な役割を担っています。

電子は内側の軌道から埋まっていく

それぞれの電子がどのような軌道を取るのかも、方程式を解くことで求めることができます。私も量子化学を専攻していたころは、せっせと方程式を解いていたのですが、これがとても複雑なのです。

80年代当時はコンピューターの性能が悪く、かなり粗い計算であっても丸1週間ほどかかりました。おかげで研究の発表に間に合わず、冷や汗をかいたこともありました。

コンピューターの性能が格段に向上した今でも、水素などごく一部の例外を除き、電子の軌道を完全に求めることはできません。逆にいえば、電子の軌道はそれだけ奥が深いのですが、踏み込むとどんどん複雑になるので、本書ではポイントだけにとどめておきます。

原子に関してこの方程式を解くと、電子の「軌道関数」と「軌道エネルギー」が求まります。軌道関数とは電子の運動状態を表すもので、この絶対値の自乗が電子の存在確率に相当します。つまり、電子雲の形は、軌道関数で決まるというわけです。

一方、軌道エネルギーとは、それぞれの軌道関数（電子の運動状態）が持つエネルギーの大きさを表します。どの軌道から順番に電子が埋まっていくかを知る上で、軌道エネルギーを求めることが重要なのです。

一つひとつの電子の軌道は、それぞれ異なるエネルギーの大きさを持っています。水は高いところから低いところに流れ、低い場所から順番にたまっていきますが、これと同じように、電子もエネルギーの低い軌道から順に埋まっていくのです。軌道エネルギーは、例外はあるのですが、内側の軌道ほどエネルギーが低い傾向があります。だから元素は、おおむね、内側の軌道から順番に電子が埋まっていくのです。

元素の性質を決める「残り物の電子」

では、いよいよ周期表を見ていきましょう。冒頭で、周期表は京都の街に似ていると述べました。京都の地名は、たとえば四条河原町といえば、東西を走る四条通りと南北を走る河原町通りが交差している場所だということで、見当がつけられます。

京都の街と同じように碁盤の目状をした周期表も、縦方向の要素と横方向の要素が交わっていることから、元素の性質は、おおよその見当がつけられるのです。

まずは、縦に見るほうから述べていきましょう。周期表の同じ列にあるというのは、いったい何を意味しているのでしょうか。

元素と周期表の関係で最も大切なことは、次の２点です。

1. 周期表の縦一列は、最も外側の電子がよく似た状態であることが多い
2. 最も外側の電子の数で、元素のおおよその性質が決まる

内側の軌道から順番に電子が埋まったあと、残った電子が最も外側の軌道に入りますが、縦一列の元素は、この「残り物の電子の数」が等しい場合が多いのです。これにより、縦方向に似た性質の元素が集まることになるわけです。

注目していただきたいのは、人体はその最も外側の電子の数で元素を判断し、それによって元素を体内に取り込むかどうかを決めている場合が多いということです。

そのメカニズムを、東日本大震災による原発事故が起こって以降、頻繁にニュースで耳にするようになった元素、セシウム（Cs）とストロンチウム（Sr）を例にとって考えてみましょう。

取り込む元素を勘違いする人体

原発事故による内部被曝《ひばく》を防ぐため、テレビ番組や新聞記事で以下のような話を一度は見聞きしたことがあるでしょう。

「セシウムを体内に蓄積させないためには、カリウムをとること」

「ストロンチウムを体内に蓄積させないためには、カルシウムをとること」

なぜ、このようなことがいえるのでしょうか。

周期表では、セシウムはカリウムと同じ列の2つ下、ストロンチウムはカルシウムの真下にあります。この「同じ列の上下の位置にある」という関係が、周期表を読み解く鍵でもあり、内部被曝を起こしやすい根本的な原因を示しています。

カリウムは、神経や筋肉の細胞を働かせる、人体にとって不可欠な元素です。ですから人体は、積極的に体内に取り込もうとします。そのとき、最も外側の電子の数が同じセシウムを、カリウムだと間違って体内に取り込んでしまうのです。

ただし、もともとカリウムを十分に取っていると、人体はこれ以上カリウムは必要ないと判断し、あまり積極的には吸収しなくなります。だから、セシウムについても、間違って吸

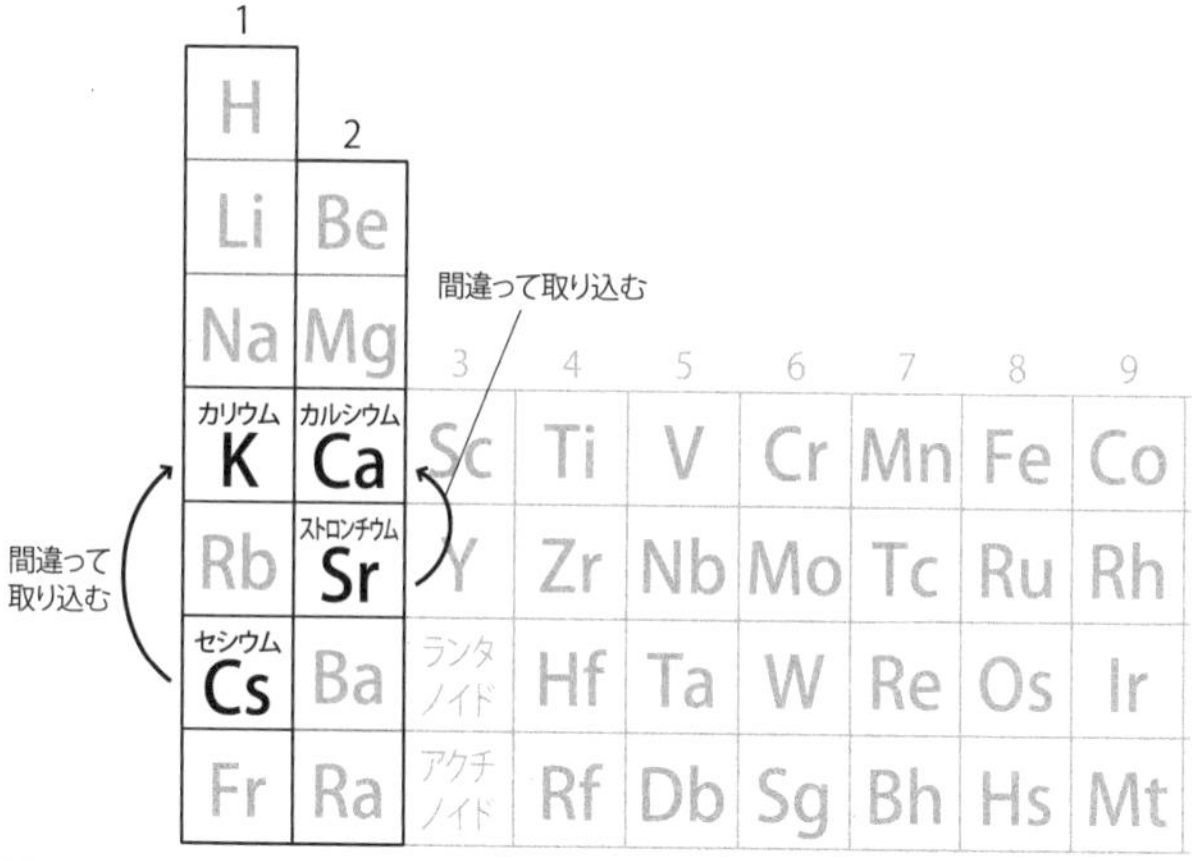

図1-3　セシウムとカリウム、ストロンチウムとカルシウムを間違って取り込む

収してしまう量が少なくなるのです。

ストロンチウムの場合も、これとまったく同じです。やはり最も外側の電子の状態が上段にあるカルシウムと似ているので、カルシウムと勘違いして体内に取り込んでしまいます。だから、ストロンチウムの吸収を防ぐためには、普段からカルシウムをたっぷり取っておくことが不可欠だというわけです。

アルカリ金属の仲間

セシウムの原子番号は55です。つまり、原子核の中に陽子が55個あり、これと同数の55個の電子が原子核の周りを回っています。ただし、これらの電子は自由気ままに回っているのではありません。原子核の周りをどのように回るの

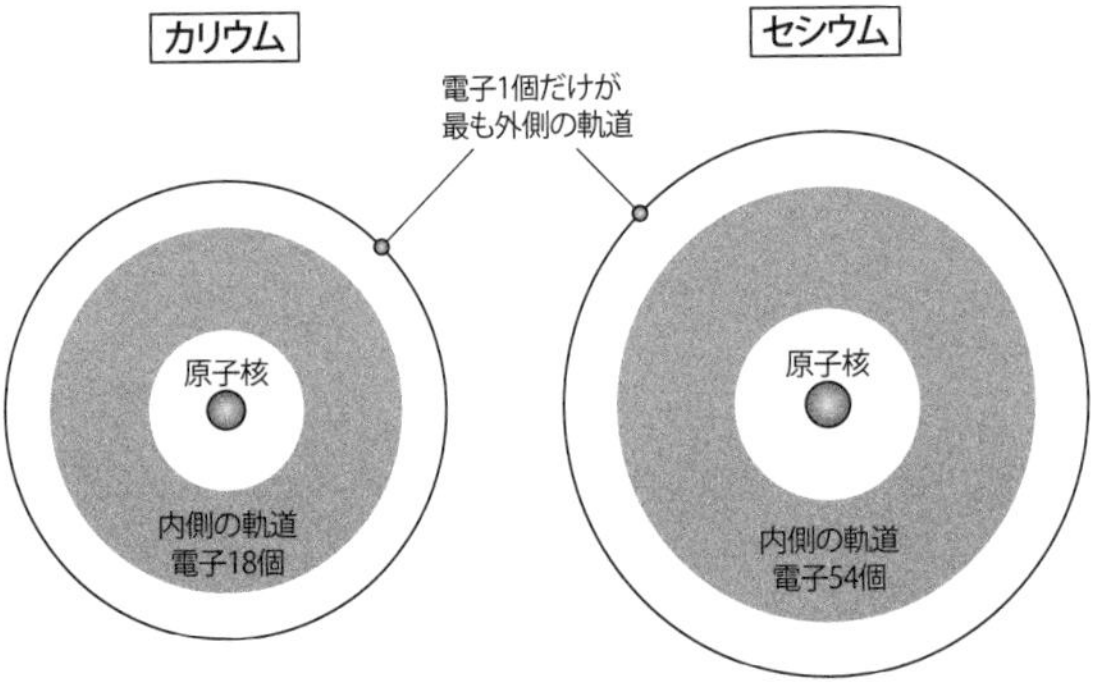

図1-4　セシウムとカリウムの電子配置

か、先ほどご説明した「電子の軌道」が厳格に決まっているからです。

セシウムの電子配置で大切なのは、ただひとつ、電子1個だけが最も外側の軌道を回っているということです。残り54個の電子は、その内側のいくつかの軌道を回っているのですが、電子54個でちょうど定員いっぱいになります。このためセシウムは、あふれた電子1個が、外側の軌道をさびしく旋回している状態です。このことが、細胞にとっては決定的に重要なのです。

セシウムに限らず多くの元素は、この最も外側の電子配置によって、どのような化学反応を起こすのかが決まります。もちろん、内側の電子の状態が化学反応にまったく無関係だというわけではないのですが、圧倒的に重要なのは、最も外側の電子なのです。

たとえば、原子が他の原子と結合して分子をつくる場合、2つの原子が接近してきて反応が起こります。外からやって来る原子と反応する際に、最も大きな影響を与えるのが外側の電子だというのは、どなたも想像がつくでしょう。

カリウムは原子番号19の元素で、陽子の数も電子の数も19個です。このうち18個が内側の軌道を回っており、これで軌道の定員がちょうどいっぱいになり、あまった電子1個だけが外側の軌道を回っています。

図1-4のセシウムとカリウムを見比べてみてください。大きさはカリウムのほうがはるかに小さいのですが、最も外側に電子が1個だけポツンと回っているのは、どちらも同じです。

セシウムもカリウムも、周期表では最も左列のグループ1に含まれます。グループ1の元素は、軽い順に、水素（H）、リチウム（Li）、ナトリウム（Na）、カリウム（K）、ルビジウム（Rb）、セシウム（Cs）、フランシウム（Fr）です。図1-5で見るように、内側を回っている電子の数は異なりますが、最も外側の軌道を回る電子は例外なくすべて1個です。

このうち水素だけは特別扱いをし、残りのリチウムからフランシウムまでを**「アルカリ金属」**といいます。最も外側の電子1個を失ってプラス1価のイオンになりやすいなど、化学的な性質がよく似ている元素たちです。いずれも金属なのですが、水に溶けてアルカリ性の

	元素	内側の電子数	外側の電子数
小さすぎて特殊	水素 ${}_{1}H$	なし	1
アルカリ金属	リチウム ${}_{3}Li$	2	1
アルカリ金属	ナトリウム ${}_{11}Na$	10	1
アルカリ金属	カリウム ${}_{19}K$	18	1
アルカリ金属	ルビジウム ${}_{37}Rb$	36	1
アルカリ金属	セシウム ${}_{55}Cs$	54	1
アルカリ金属	フランシウム ${}_{87}Fr$	86	1

図1-5　アルカリ金属元素の電子数

溶液になるので、アルカリ金属と呼ばれるようになりました。

水素がアルカリ金属から外れたのは、もともと全体で電子が1個だけの元素で、原子自体があまりにも小さく、このことが反応の仕方や性質に影響を与えているからです。実際に、グループ1の中で水素だけ気体で、金属ではありません。

ただし、400万気圧というケタ外れに高い圧力をかけると、水素も金属に変化します。これは「金属水素」と呼ばれ、やはりアルカリ金属と同じ性質を示すのです。そのため、高い圧力がかかる木星や土星の内部には、実際に金属水素が存在していると考えられています。

それぞれを周期表にまとめると、アルカリ金属の元素は最も左側の上から下へと1列に並ぶことで、図1-5のように外側の電子の状態が一目瞭然となっています。こうした読み方ができることが、周期表の真髄といってもいいでしょう。

セシウムでできる悪性腫瘍

アルカリ金属の中でも、カリウムは人体にとってたいへん重要な元素のひとつです。第4章で詳しく述べますが、全身の筋肉と神経は、すべてカリウムのおかげで機能しているのです。

これに限らず、カリウムはすべての細胞でさまざまな役割を果たしています。人体を構成している60兆個の細胞の中で、カリウムをまったく利用していない細胞はただのひとつもありません。

カリウムは、植物に幅広く含まれています。ジャガイモや緑黄色野菜にはとくに豊富に含まれており、こうした食材を食べることでカリウムも吸収され、筋肉や神経など全身の細胞に届けられるわけです。

ところが、間違って放射性セシウムが含まれたものを食べてしまうと、こちらもカリウムの輸送ルートに乗って、全身に届けられてしまいます。そして、体の内側から放射線をまき散らし、内部被曝を引き起こすわけです。

放射性セシウムは、胃がん、肺がん、大腸がん、白血病など、ありとあらゆる悪性腫瘍《しゅよう》の原因となります。あらゆる細胞が利用しているカリウムと間違って吸収されることで、セシウムも全身のすべての細胞に届けられてしまうのです。

アルカリ土類金属の仲間

では次に、セシウムと並んで原発事故で問題になっているストロンチウムについて見ていきましょう。要領はセシウムの場合とまったく同じで、異なるのは、最も外側の軌道に電子が1個ではなく2個あるということです。

ストロンチウムの原子番号は38。原子核を構成する陽子の数も、原子核を回る電子の数も、ともに38個です。このうち36個の電子で内側の軌道が埋まるので、あまった2個の電子が最も外側の軌道を回ることになります。

一方、原子番号20のカルシウムは、陽子の数も電子の数も20です。このうち、18個の電子で内側の軌道が埋まるので、やはりあまった2個の電子が最も外側の軌道を回っています。

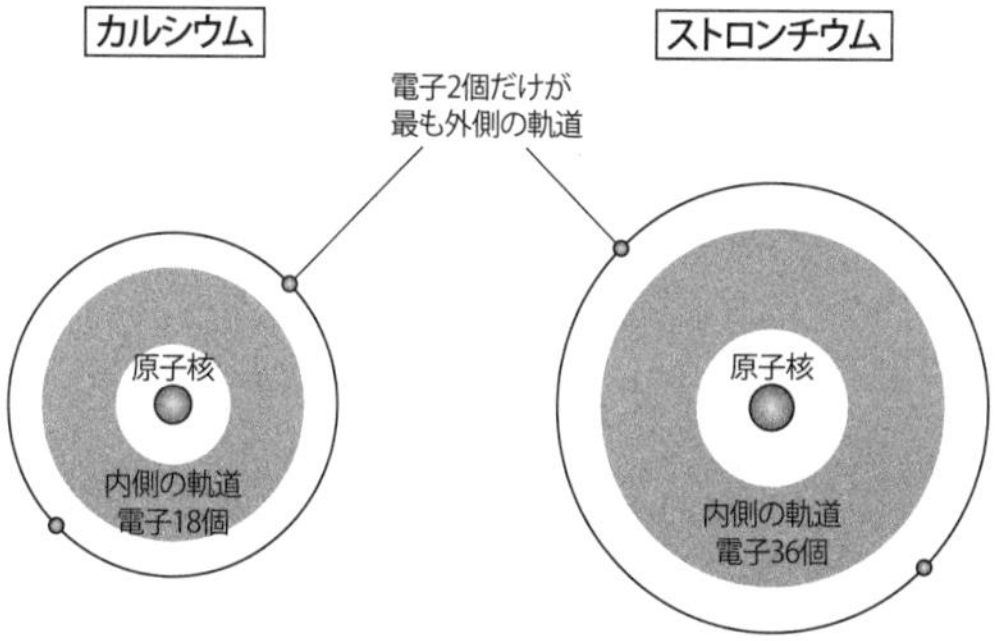

図1-6　ストロンチウムとカルシウムの電子配置

このように、外側の軌道はどちらも電子が２個なので、人体はストロンチウムをカルシウムと勘違いして取り込んでしまうわけです。

周期表では、ストロンチウムもカルシウムも、左から２列目のグループ２に属しています。グループ２の元素は、小さい順にベリリウム（Be）、マグネシウム（Mg）、カルシウム（Ca）、ストロンチウム（Sr）、バリウム（Ba）、ラジウム（Ra）です。これらの元素はすべて外側の軌道が電子２個で、この２個の電子を失ってプラス２価のイオンになりやすい性質があります。

放射性ストロンチウムがもたらすリスク

放射性セシウムがあらゆる悪性腫瘍の原因になるのに対し、放射性ストロンチウムを体内に取り込んでしまった場合は、白血病のリスクだけがきわだって高くなります。

その理由は、全身のカルシウムの98％は骨（主成分はリン酸カルシウム）に存在するため、カルシウムと勘違いされて取り込まれたストロンチウムも、骨に届けられてしまうことに端を発しています。

骨に入り込んだ放射性ストロンチウムも、放射線を周囲にばらまきます。もちろん、これによって骨自体にも悪性腫瘍ができます。それが骨肉腫《こつにくしゅ》です。

ただし、放射性ストロンチウムによって、骨肉腫よりもケタ違いに発生頻度が高くなる悪性腫瘍があります。それが白血病なのです。

赤血球や白血球は、骨の真ん中にある骨髄でつくられています。骨というと、白くて硬いイメージをお持ちだと思いますが、それは骨の表面にある骨皮質《こつひしつ》と呼ばれる部分です。骨皮質に包まれた骨の真ん中の部分には、赤みを帯びた骨髄質という部分があります。

フライドチキンを食べる機会があったら、ぜひ骨を砕いて観察してみてください。骨を砕くと、白っぽくて硬いツルッとした骨皮質の内側に、赤黒く脆《もろ》い部分があります。人間もニワトリも、ここで赤血球や白血球をつくっているのです。赤黒く見えるのは、主に赤血球の元になる血液細胞（赤芽球《せきがきゅう》）の色です。

血球は骨髄でつくられているのですから、骨に取り込まれたストロンチウムから出る放射線は、骨の細胞だけでなく、すぐ近くの骨髄の細胞にもダメージを与えるのは当然ですね。しかも、骨髄のほうが健康への被害ははるかに深刻なので厄介です。なぜかというと、骨髄では次から次へと細胞分裂を行って、ものすごいスピードで血球をつくり続けているからです。

細胞ががんに侵されるタイミング

放射線が当たると細胞ががん化するわけですが、特にがん化しやすいのは、この細胞分裂をする瞬間なのです。

生命にとって大切な遺伝子は、普段は細胞の中できれいに折りたたまれ、厳重に格納されています。

遺伝子の正体は、二重らせん構造をした、細い糸状のＤＮＡです。細い糸は切れやすいのですが、糸巻きにきれいに巻かれている状態だと、ちょっとやそっとでは切れません。ですから、少々放射線が当たっても、遺伝子はそんなにダメージは受けません。ところが、細胞分裂をするときだけ、細胞が一瞬スキを見せてしまいます。

1個の細胞が分裂して2個の細胞になるとき、遺伝子もコピーしてもうひとそろえ用意しなければなりません。そのため細胞は、普段は大事に折りたたまれている遺伝子をほどいて、細長いひも状、いわばハダカの状態になります。このときに放射線が当たると、遺伝子は簡単に壊れてしまうのです。遺伝子の壊れ方が悪いと、不運にもがん化してしまいます。

大量の赤血球や白血球を量産するため、骨髄では猛烈な勢いで細胞分裂が行われています。体外からの悪影響を受けたら大変だということで、わざわざ体の奥にある骨のさらにその真ん中に、赤血球や白血球の工場をつくったと考えられます。

ところが、放射性ストロンチウムを取り込むと、そのすぐ近くから大量の放射線が当たってしまうのでたまりません。その結果、赤血球や白血球の元になる造血細胞ががん化してしまい、白血病を発病してしまうというわけです。

白血病に侵された細胞は、放射線に被曝して2年から3年で増え始め、6年から7年でピークを迎えます。これに対し、胃がんや大腸がんなど固形のがんは、もっと長い年月を経たのちに発病率が上がります。ですから、原発事故の影響については、まずは白血病への警戒が必要だといえます。

「周期」とは何か？

セシウムがカリウムと間違われて人体に取り込まれるのも、ストロンチウムがカルシウムと間違われて取り込まれるのも、最も外側の軌道を回っている電子の数が同じだからであり、しかも、このことは周期表を見れば一目瞭然であることは、ご理解いただけたと思います。次は、周期表の横方向の見方を解説していきましょう。

先ほど少し触れたように、1番目は陽子や電子が1個の水素、2番目は陽子や電子が2個のヘリウムといった具合に、原子番号の順番通りに元素を並べたものが周期表です。そして、この周期表を読み解く上で重要なポイントとなるのが、横1行あたりの元素の数なのです。

1行目は水素とヘリウムの2つだけ、2行目は炭素や窒素など8個、3行目もナトリウムやアルミニウムなど8個、4行目と5行目はともに18個です。

この数は、電子の軌道が収容できる定員の数に対応しています。最も内側の軌道は、電子が2個で定員がいっぱいになります。3個目の電子は、外側の軌道に回らなければなりません。だから、1行目は電子が2個のヘリウムで打ち止めです。電子が3個のリチウムは、2行目に回ります。

わかりやすいように、ここまで1行目、2行目など行という言葉で説明してきましたが、

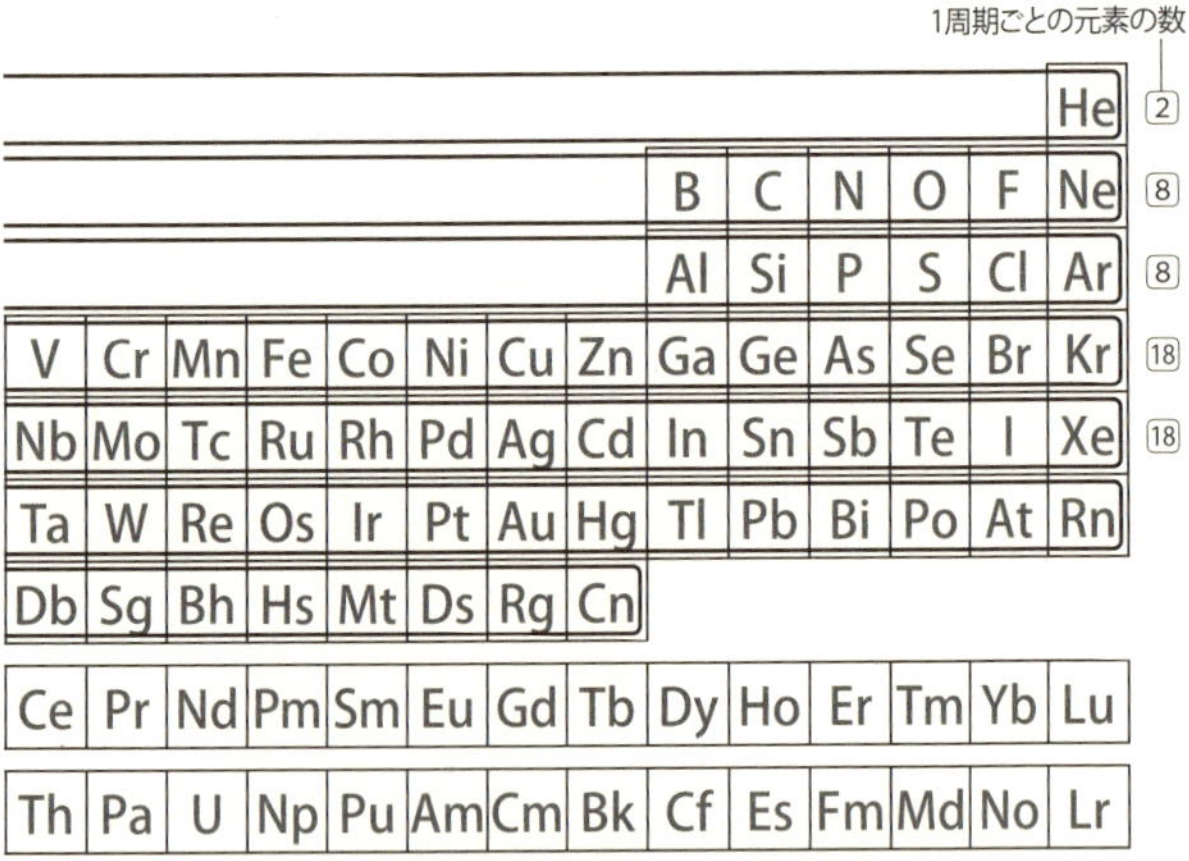

図1-7　軌道を回る電子と周期の関係

正式には**「周期」**という言葉を使います。１行目の水素とヘリウムが第１周期、２行目の炭素や酸素などが第２周期、３行目のナトリウムやアルミニウムなどが第３周期といった具合です。

縦の列を族と呼ぶのは大反対だといいましたが、横の行を周期と呼ぶのは大賛成です。原子の持っている性質の本質を見事についている用語だからです。ちなみに、周期は英語では period といいます。

電子の定員数が周期を決める

では改めて、それぞれの周期ごとに電子の配置を見ていきましょう。

１周期目の電子の定員は２個。２周期目の電子の定員は、１周期目よりは多く、８個です。

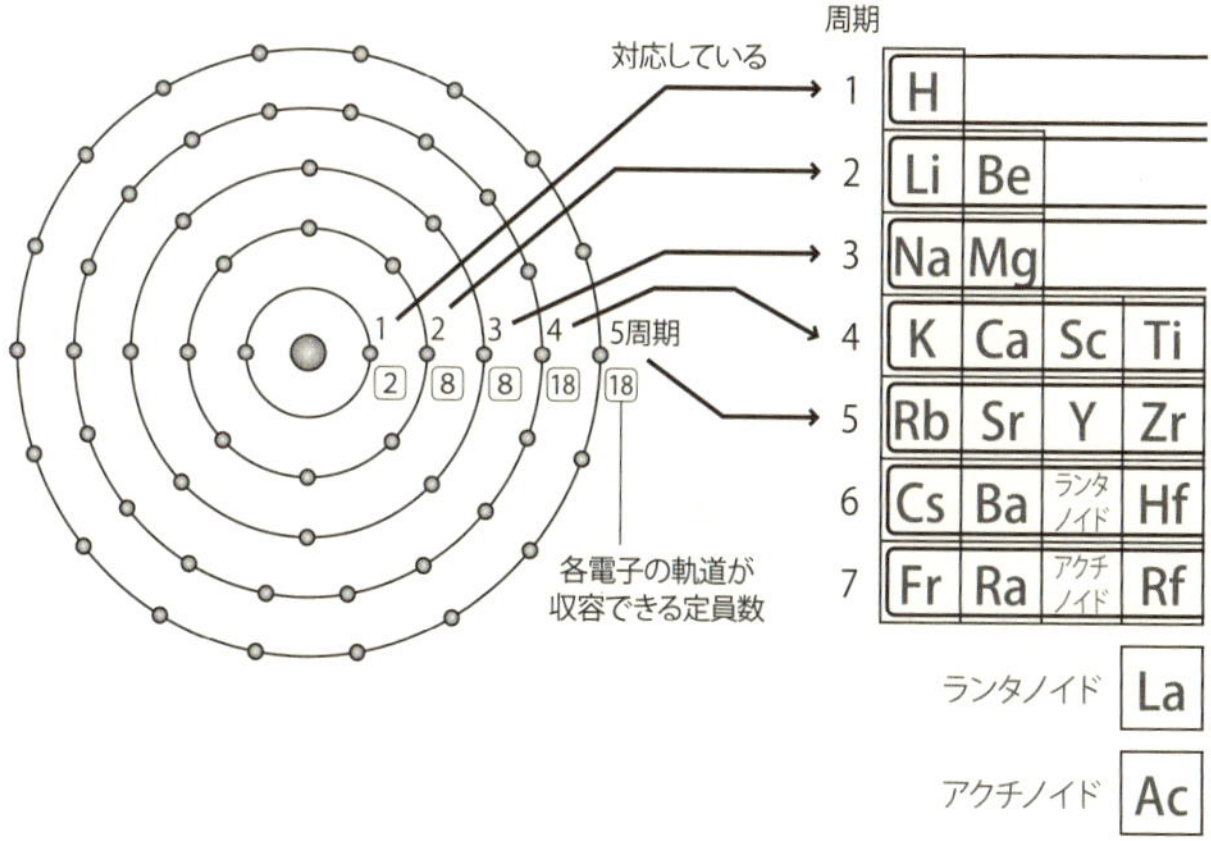

ですから、１周期目の電子２個と合わせて、トータルが10個で２周期目は打ち止めです。電子が11個目からは、３周期目に回ります。

４周期目、５周期目ともなると、原子が大きくなり、軌道の表面積も大きくなるので、電子の定員は一気に増えて18個となります。ですから、18個の元素が横一列に並んだところで打ち止めとなります。これが、周期表の仕組みです。

重要な点は、ランダムに電子の定員数が決まるのではなく、２周期目と３周期目がともに８個、４周期目と５周期目がともに18個と、共通していることです。このため、２周期目と３周期目は電子が８個ごとに元素は同じ列になり、性質も似たものになります。また、４周期目と５周期目も電子が18個ごとに元素は同じ列になり、性質も似たものになります。

これは、「2周期目と3周期目の元素は電子が8個ごとの周期がある」「4周期目と5周期目の元素は電子が18個ごとの周期がある」と言い換えられます。

それぞれの元素は周期的に同じ性質を繰り返すわけです。この、元素が持つ周期に従って表にしたからこそ、周期表は周期表と名づけられたのです。

【発展コラム】電子の軌道を決める4つの原則

元素の性質が周期的に現れることが周期表の本質ですが、では、そもそもどうして、元素の性質は周期的に現れるのでしょうか。そこには、しびれるほど美しい理論が隠されています。

面倒だと感じたら読み飛ばして第2章にいっていただいても結構ですが、じっくり読んで理解すると、周期表がより好きになっていただけると思います。

電子の軌道は、「主量子数n」「方位量子数ℓ」「磁気量子数m」の3つの数だけで、すべてが決まります。

原則1　主量子数n＝1、2、3……

最も基本の「主量子数n」は、電子の大まかなエネルギーを決めます。これは、1、2、3……といった具合に自然数（プラスの整数）の値をとります。大ざっぱにいうと、n＝1が最も内側の軌道を示し、n＝2がその次の軌道、n＝3がさらにその次の軌道といった具合に、主量子数が増えるほど、より外側の、エネルギーが高い軌道になっていきます。

原則2　方位量子数ℓ＝0〜n−1

次に「方位量子数ℓ」は、主量子数nより小さい0以上の整数の値をとります。ここでは、電子軌道の形が決まります。

原則3　磁気量子数m＝−ℓ〜+ℓ

さらに、「磁気量子数m」は、絶対値が方位量子数ℓ以下の整数の値をとります。ここでは、電子軌道が広がる向きが決まります。

原則4　ひとつの軌道に入る電子は2つまで

もうひとつ重要なのは、それぞれの軌道に電子は2個入るということです。

100を超える元素のありとあらゆる電子の軌道が、「主量子数n」「方位量子数ℓ」「磁気量子数m」というたった3つの整数で決定されてしまうのです。これは、ものすごくシンプルで、とてつもなく美しい世界です。

でも実は、この4つの原則に関して、もっとすごいことをやってのけている偉大な作品があります。それが、他ならぬ周期表なのです。少々面倒なこれらの原則を、周期表はいとも簡単に、しかも重要なエッセンスをすべて一覧表の中に見事に描きっているのです。

少し難しいかもしれませんが、実際に数字を入れてみるとよくわかります。57ページの図と照らし合わせながら見ていきましょう。

・主量子数n＝1の場合

方位量子数ℓは0以上で1未満の整数、つまり0しかありません。磁気量子数mも0のみとなります。該当する軌道はひとつだけなので、電子は最高で2個です。これを表しているのが、周期表の最上段、第1周期です。第1周期の元素が、水素とヘリウムだけなのは、このためです。

・主量子数n＝2の場合

方位量子数ℓは、0以上で2未満の整数、つまり0か1です。

磁気量子数mは、方位量子数ℓ＝0の場合は0のみ、方位量子数ℓ＝1の場合は-1、0、1の3つが該当します。それぞれの軌道に2つの電子が入るので、合計で8つの電子が入るわけです。

8という数字に、何か気がつくことはありませんか。そうです。周期表の第2周期はリチウムからネオンまで、8つの元素で成り立っていました。これは、取りも直さず、主量子数が2の元素を表していたわけです。

周期表の快進撃はまだまだ続きます。

・主量子数n＝3の場合

方位量子数ℓは、0以上で3未満の整数、つまり0か1か2です。

磁気量子数mは、方位量子数ℓ＝0の場合は0のみ、方位量子数ℓ＝1の場合は-1、0、1の3つ、方位量子数ℓ＝2の場合は-2、-1、0、1、2の5つが該当します。

それぞれの軌道に2つの電子が入るので、方位量子数ℓ＝0の場合は電子が2つ、方位量子数ℓ＝1の場合は電子が6つ、方位量子数ℓ＝2の場合は10個の電子が入ります。

単純に足し算をすると、主量子数n＝3の場合は電子の数が18個になります。「あれ、おかしいぞ」と気づいた方は鋭い！　第3周期も元素は8個です。18個ではありません。

でも、これこそが周期表のしびれるところです。

方位量子数ℓ＝2の場合は、エネルギーのレベルが高く、主量子数n＝4の軌道の一部を上回っているのです。そのため、該当する10個の元素は、次の第4周期に回されているのです。

第2周期の元素も、第3周期の元素も、ともに8個で共通しています。だからこそ周期といえるのですが、両者が一致したのは、偶然ではないということがおわかりいただけたと思います。どちらも、方位量子数が0の場合の2個と方位量子数が1の場合の6

個とを足し合わせたので、８個になったわけです。それをシンプルな形で表現し尽くしている周期表には、アッパレと言いたいのです。

同じことが、第４周期と第５周期についてもいえます。どちらの周期も、18個の元素で構成されています。もちろん、数が一致するのは、こちらについても偶然ではありません。どちらも、方位量子数が０の場合の２個、方位量子数が１の場合の６個、方位量子数が２の場合の10個を足し合わせたので、18個になったわけです。

理屈は第２周期、第３周期とまったく同じなので、カウントするのは省きますが、57ページの一覧表で確認しておいてください。

さらに、第６周期と第７周期についても同じです。周期表上では、一見すると18個の元素で成り立っているように感じられますが、よく見ると、ランタノイドとアクチノイドが別になっています。実際には、どちらの周期も方位量子数が３の場合の14個の元素が加わっているので、合計で32個の元素で成り立っているのです。ここでは、やはり第６周期と第７周期についても、構成している元素の数が等しいということに注目してください。

このように、周期表は元素が奏でる周期の美しい調和の世界を、あますところなく表現しています。隣接する2つの周期がワンペアーとなって完全に一致する。さらに2つの周期ごとにきれいに元素の定数が増えていく。しかも、増える元素の定数は、2、6、10、14と4つずつ増加していく……。

私は、周期表こそ宇宙の摂理が織りなす最高の芸術作品だと思っています。

主量子数n (1,2,3,…)	方位量子数ℓ (0〜n-1)	磁気量子数m (-ℓ〜ℓ)	量子状態数	収容電子数
n = 1	ℓ = 0	m = 0	1	2
n = 2	ℓ = 0	m = 0	1	2
	ℓ = 1	m = -1		
		m = 0	3	6
		m = 1		
n = 3	ℓ = 0	m = 0	1	2
	ℓ = 1	m = -1		
		m = 0	3	6
		m = 1		
	ℓ = 2	m = -2		
		m = -1		
		m = 0	5	10
		m = -1		
		m = -2		
n = 4	ℓ = 0	m = 0	1	2
	ℓ = 1	m = -1		
		m = 0	3	6
		m = 1		
	ℓ = 2	m = -2		
		m = -1		
		m = 0	5	10
		m = 1		
		m = 2		
	ℓ = 3	m = -3		
		m = -2		
		m = -1		
		m = 0	7	14
		m = 1		
		m = 2		
		m = 3		
n = 5	ℓ = 0	m = 0	1	2
	ℓ = 1	m = -1		
		m = 0	3	6
		m = 1		
	ℓ = 2	m = -2		
		m = -1		
		m = 0	5	10
		m = 1		
		m = 2		
	ℓ = 3	m = -3		
		m = -2		
		m = -1		
		m = 0	7	14
		m = 1		
		m = 2		
		m = 3		
	ℓ = 4	m = -4		
		⋮		

第1周期（2元素）
第2周期（8元素）
第3周期（8元素）
第4周期（18元素）
第5周期（18元素）
第6周期（32元素）
第7周期

図1-8　量子状態と周期の関係

第2章　周期表から宇宙を読み解く

地球では元素は生まれない

宇宙と周期表なんて、まったく関係のないものだという先入観をお持ちだと思いますが、これは縦割りの学校教育がもたらした弊害でしょう。周期表を上手に使えば、宇宙への理解が飛躍的に高まる。この章でお伝えしたいのは、このひと言に尽きます。私は周期表そのものがひとつの宇宙だとさえ感じています。

私たちをとりまく元素は、どこで生まれていると思いますか。実は、一部の例外をのぞき、天然の元素は地球上ではつくられません。人体を構成している元素は、ほぼすべてが宇宙に由来しています。

元素を誕生させるには、決定的に重要な条件がひとつあります。それは、温度が1000万度を超えることです。

原子核は、陽子と中性子でできています。陽子は電気的にプラスなので、そのままでは陽子と陽子が反発し合い、原子核は構成できません。しかし、あまりにも近くに接近すると、陽子や中性子の間に核力という別の力が働き、これが電気的に反発し合う力を上回るため、原子核が維持されるのです。

この核力の仕組みを理論的に導きだしたのが、湯川秀樹博士です。

彼は、陽子や中性子が質量を持つ未知の粒子を交換し合うことにより、お互いに引き合う「核力」が生じると考えました。この粒子は中間子と名づけられ、彼の理論は**「中間子理論」**と呼ばれるようになります。

そして12年後に、イギリスの物理学者セシル・パウエルによって、中間子が実際に発見されたのです。これによって中間子理論が正しいことが証明され、この功績により湯川博士は１９４９年、日本人初のノーベル賞に輝いたわけです。

この発見には、面白いエピソードがあります。実は湯川博士は、不眠症に悩まされていました。眠れない夜、天井の木の板の年輪模様を眺めていて、この中間子理論がひらめいたそうです。年輪の真ん中にグリグリした模様が２つあって、それをひょうたん形の年輪が取り囲んでいるのが原子核に見えたと、後に言葉を残しています。

中間子理論自体は数式で表されるものですが、年輪の模様というイメージから生まれたというのは実に興味深いことです。

さて、話を元に戻しましょう。

新しい元素を生み出すには、元の原子の原子核を、別の原子の原子核とお互いに核力が働く距離まで接近させる必要があります。しかし、原子核と原子核とは電気的に反発し合っているので、接近させるには、それを超える膨大なエネルギーが必要です。それが、1000万度という途方もない高温状態だというわけです。

もちろん地球上には、基本的には1000万度を超える場所などありません。地表は当然ですが、地中深くに存在しているマグマでもたかだか1000度程度。1000万度と比べれば話にならないほど低温です。そのため、地球では新しい元素はつくられないのです。

1000万度以上の高温が元素を生む

では、宇宙のいったいどこで1000万度を超える高温になっているのでしょうか。そのきっかけは、大きく分けて次の3つのケースがあります。

①　宇宙自体が誕生した「ビッグバン」の直後

宇宙は137億年前に、ビッグバンという大爆発によって誕生しました。何といってもこの果てしない宇宙を創り上げた爆発なので、爆発直後は1000万度をゆうに超えていました。たとえば、ビッグバン1秒後の温度は、ケタ違いの100億度だと推計されています。

②　太陽のような恒星の中で起こる「核融合」

恒星の内部の温度は１０００万度を超えており、次々と新しい元素が生み出されています。もちろん、私たちにとって最も身近な恒星である太陽も例外ではありません。太陽の中心部の温度は、１５００万度もあり、これにより水素の原子核同士が融合し、新たにヘリウムが生み出されているのです。

といっても、太陽のどこでも核融合が起こるというわけではありません。太陽の表面は燃えたぎっているように見えますが、温度は５５００度と低く、新たな元素は生み出されません。核融合を起こす１０００万度がいかにすごいことかよくわかります。

③　寿命が尽きた恒星の「超新星爆発」

超新星爆発とは、太陽の10倍以上ある恒星が寿命を終えるときに、大規模な爆発を起こす現象です。実は、宇宙に存在している鉄より重い元素は、ほとんどが超新星爆発のはじめの10秒でつくられたものだと考えられています。

この３つのケースについて、それぞれ詳しく見てみましょう。

原始の宇宙はこうしてできた

宇宙は137億年前、ビッグバンと呼ばれる大爆発によって誕生したというのはご存じでしょう。では、なぜ、そんなことがわかったのでしょうか。

現在、宇宙はどんどん膨張していることが、観測によって明らかになっています。ということは、時間を過去にさかのぼればさかのぼるほど、宇宙はより小さい存在だったはずです。そして、とことん時間をさかのぼると、最終的には宇宙全体が1点に集約されることになってしまいます。それが計算上、137億年前になるのです。

これだけなら単なる机上の空論ですが、このときのなごりともいえる電磁波が、実際に観測されています。これは、ビッグバンがあったと考えないとうまく説明できません。

現在信じられている標準的な理論によれば、ビッグバンが発生した100万分の1秒後に素粒子が誕生し、その素粒子が集まって1秒後に水素の原子核ができました。さらに、ビッグバンの3分後に水素の原子核が集まって、ヘリウムができました。これにより、水素が92%、ヘリウムが8%という原始の宇宙が誕生したのです。

こうしてできた水素がやがて集まり、恒星がつくられます。その内部で水素の原子核が核融合を起こし、ヘリウムを生み出すのですが、この水素からヘリウムに変化するときに、膨大なエネルギーが生み出されます。この核融合エネルギーにより、恒星が輝いているのです。

さらに、水素が燃え尽きるとヘリウムが核融合を起こし、炭素（C）、窒素（N）、酸素（O）と、徐々に重い元素がつくられていきます。

ただし、こうして恒星の内部でつくられる元素は、鉄（Fe）までです。原子核は鉄が最も安定しているので、鉄より重い元素が恒星の中でつくられることはありません。

鉄は元素の中の優等生

すべての元素の中で、鉄の原子核が最もエネルギーが安定しています。だから、水素など鉄より軽い元素は、核融合によって少しでも重くなろうとします。

対照的に、ウラン（U）やプルトニウム（Pu）など鉄より重い元素は、核分裂をして軽くなろうとする傾向があります。たとえば、ウラン２３５が中性子を吸収すると、クリプトン92とバリウム１４１に分裂します。

図２‐１のように、水素、ヘリウム、炭素などと原子が重くなるに従って、原子核の結合エネルギーは大きくなります。その分だけ結合するとより安定になるため、水素からヘリウ

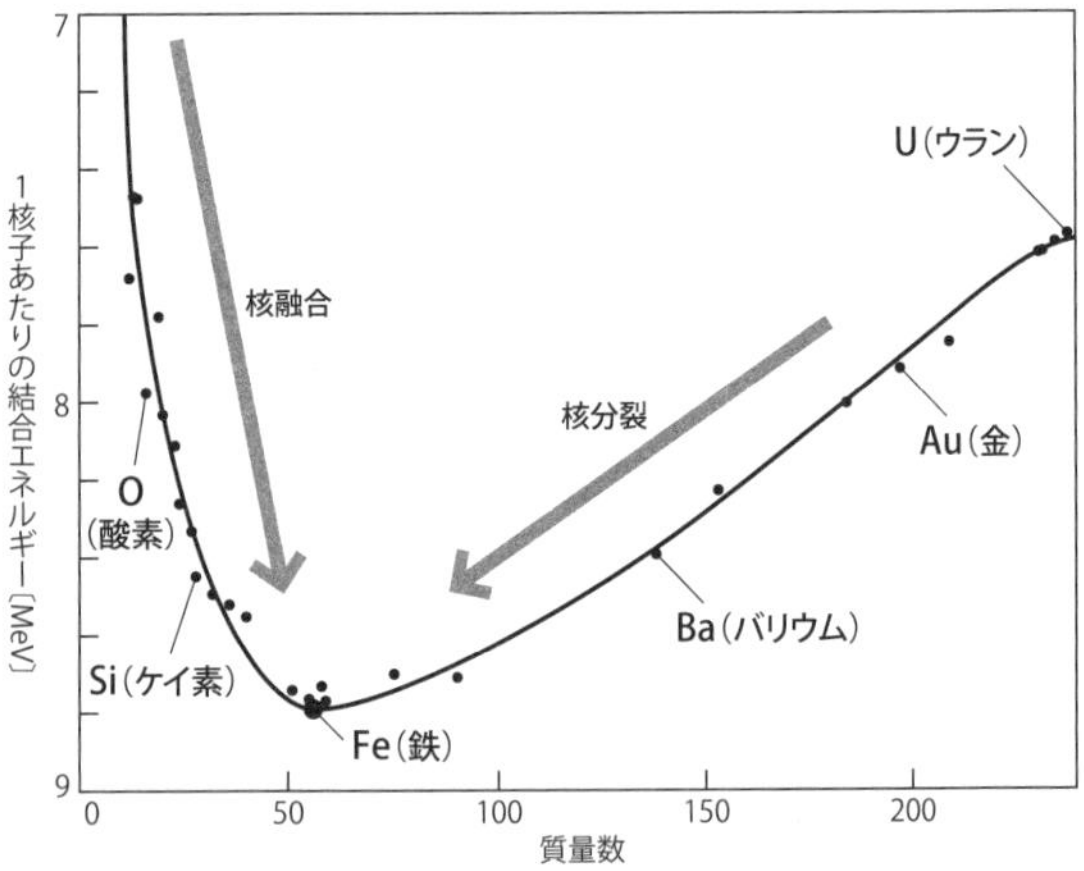

図2-1　あらゆる元素はエネルギーが安定している鉄を目指す

ム、ヘリウムから炭素といった具合に核融合が起こるのです。

しかし、こうした反応が起こるのは、鉄までです。鉄より重くなると、逆に原子核の結合エネルギーは小さくなり、余計に不安定になります。ですから、核融合を起こすどころか、むしろ逆に、最も安定した鉄を目指して核分裂を起こそうとします。

ちなみに、原子力発電や原子爆弾は、ウランなど重い元素が核分裂することによって、あまったエネルギーが熱に変わるという反応を利用しています。つまり、原子力発電は、図２‐１の右側の結合エネルギーの差を電気に変換する発電法です。

一方、太陽がエネルギーを放射するのは、水素が核融合することによってあまったエネルギーが熱や光に変わっているためです。このエネルギーを利用したものが太陽光発電ですが、石油や石炭も、大昔に植物が太陽光のエネルギーを化学結合のエネルギーに変換してできたものです。ですから火力発電も、大局的には、図２－１の鉄より左側の核融合のエネルギーを利用したものだといえます。

では、鉄より重い元素は、いったい宇宙のどこで、どのようにして生まれたのでしょうか。決して量は多くありませんが、宇宙には鉄より重い元素が65種類ほど存在し、それぞれが重要な働きを担っています。たとえば、亜鉛（Zn）がなければ、私たちの神経は情報を適切に伝達することができなくなります。また、ヨウ素（I）がなければ、甲状腺ホルモンがつくれなくなって、全身の代謝が病的に低下してしまいます。銀（Ag）も金（Au）も白金（プラチナ、Pt）も、鉄よりははるかに重い元素ですが、少量ながら確かに存在しています。

こうした重い元素がどうやって誕生したのか、以前は宇宙の謎だとされていましたが、現在では、少なくともその大半が超新星爆発によってできたということがわかっています。

超新星爆発により生じる元素の化学進化

太陽は、あと50億年ほどたつと、水素などが燃え尽きてしまい、いったん今の１００倍以上の大きさの赤色巨星《せきしょくきょせい》（大気が膨張して温度が下がり、赤くなった恒星）になります。もし、地球の公転軌道が現在と同じなら、太陽に飲み込まれる可能性が高くなりそうです。その後、太陽はガスを放出し、今から70億年後くらいになると、白色矮星《はくしょくわいせい》という地球くらいの大きさの白くて小さな死骸のような星になってしまいます。

ところが、太陽より10倍以上大きな恒星は、星の内部の燃料が燃え尽きると、大きさを支えきれずに爆発を起こします。これが超新星爆発と呼ばれるものです。このとき、すさまじいエネルギーが放出され、超新星爆発の直後のたった1秒間に、鉄より重い元素が次々とつくられます。

現在では、原子核に中性子がぶつかり、その中性子がベータ崩壊（中性子が、陽子と電子と反ニュートリノに変換すること）を起こして陽子に変わると、より重い元素に移行していく現象が起こることがわかっています。

超新星爆発が起こると、周囲の宇宙空間に無数のチリがばらまかれます。このチリが集まって、また恒星が生まれます。この新しい恒星も、寿命が尽きると超新星爆発を起こし、より重い元素を生み出します。さらに、またチリが集まって恒星が生まれ、最後に超新星爆発を起こす……。宇宙では、こうして何度も何度も超新星爆発が発生し、そのたびにより重い元素がつくられていくプロセスを繰り返しているのです。

これは、**「元素の化学進化」**と呼ばれています。化学とは元素の組み合わせの変化を示す用語なので、私としては、厳密にいうと「原子核進化」、あるいは「元素進化」と呼んだほうが適切だとは思うのですが……。

では、私たちがいる太陽系では、化学進化のどのような段階にあるのでしょうか。先ほどご説明したように、太陽自体は小さすぎて、今後、超新星爆発を起こすことはありません。ただし、地球をはじめ、太陽系には現に鉄より重い元素が存在しています。このため、すでに化学進化がかなり進んだ状態だといえます。

これは、太陽や地球が生まれる前に、すでに超新星爆発を経験していることを意味します。つまり、亜鉛やヨウ素など鉄より重い元素を利用している私たちは、そんな宇宙で繰り広げられた化学進化の歴史の上に成り立っている存在なのです。

ベテルギウスの天体ショーはいつ起こる?

元素の話から少しそれますが、超新星爆発に関してぜひとも知っていただきたいトピックをお伝えしておきましょう。

今、宇宙科学の専門家の間で、まもなく超新星爆発を起こすのではないかと注目を集めている恒星があります。それが、オリオン座のベテルギウスです。

オリオン座は、冬の星座の中でもとりわけ存在感がありますが、中でも最も目立つのが、オリオン座の肩の位置に当たる星です。赤くて明るい星なので、どなたも目にしたことがあるはずです。

このベテルギウスが、現在、寿命の99%が尽きてしまい、いつ超新星爆発を起こしてもおかしくない状態にあるのです。

「ハッブル宇宙望遠鏡で観測したら、表面に白い模様ができていた」「すでに球形を維持できなくなり、大きなコブのようなものができている」「異常なスピードで収縮している」など、この星が終末の直前であることを示唆する観測結果が次々に報告されています。

ちなみにハッブル宇宙望遠鏡とは、600キロ上空の軌道で地球を周回する、人工衛星による望遠鏡で、1990年に米国によって設置されました。地表の大気や天候の影響を受けないので、高い精度で天体観測が可能です。

宇宙は広いので、超新星爆発自体は毎日のように、どこかで起こっています。ただし、それは遠い別の銀河でのことです。私たちが住む天の川銀河の中に限れば、30年から50年に1

度くらいしか起こりません。さらに、ベテルギウスは太陽系から近いので、超新星爆発を起こしたら、20万年前に私たちホモサピエンスが誕生して以来の、最大の天体ショーになるかもしれないのです。

東京大学の研究グループの試算では、ベテルギウスが超新星爆発を起こした場合には満月の100倍くらいの明るさに、また、南クイーンズ大学の研究グループの予測では昼間でもはっきりと見えるような明るさになると予測されています。

もっとも、この超新星爆発は、今年や来年に確実に起こるということではありません。今、この瞬間にベテルギウスが超新星爆発を起こしてもおかしくないのは事実ですが、最大で100万年後に起こってもやはり不思議はありません。宇宙の時の流れとは、そんな途方もないスパンで生じるものです。

宇宙は水素だらけ

太陽をはじめとした太陽系は、地球や火星などの惑星、月やエウロパなどの衛星、イトカワのような小惑星や隕石、それにハレー彗星のような彗星から成り立っています。図2-2は、こうした太陽系全体におけるそれぞれの元素の存在量を表しています。

宇宙はあまりにも大きいため、全体でどんな元素がどれほどあるかについては、研究者によって推計値にばらつきがあります。そこで、これよりもはるかに正確な数値がわかっている太陽系について考えてみましょう。

グラフの横軸は原子番号で、左にいくほど軽い元素、右にいくほど重い元素です。周期表でいえば、グラフの左にある元素が周期表では上の位置、グラフの右へ行くほど周期表では下の位置にある元素だということです。

縦軸は、それぞれの元素の存在量を表しています。見ての通り、右にいくほど、つまり周期表でいえば下にいくほど、元素の存在量が少なくなっています。

注意していただきたいのは、グラフの縦軸が対数になっていることです。これは、1目盛り小さいだけで、10分の1であることを表しています。一見すると、酸素（O）は水素（H）よりやや少ないだけのように感じるかもしれません。しかし実際には、3目盛りほどの差があるので、10分の1の3乗、つまり、酸素は水素の1000分の1であることを示しています。厳密には3目盛りより差がもう少し大きく、太陽系に存在する酸素は水素の3000分の1です。

見ての通り、太陽系は水素だらけです。重量比でいうと、太陽系の70・7％が水素、27・

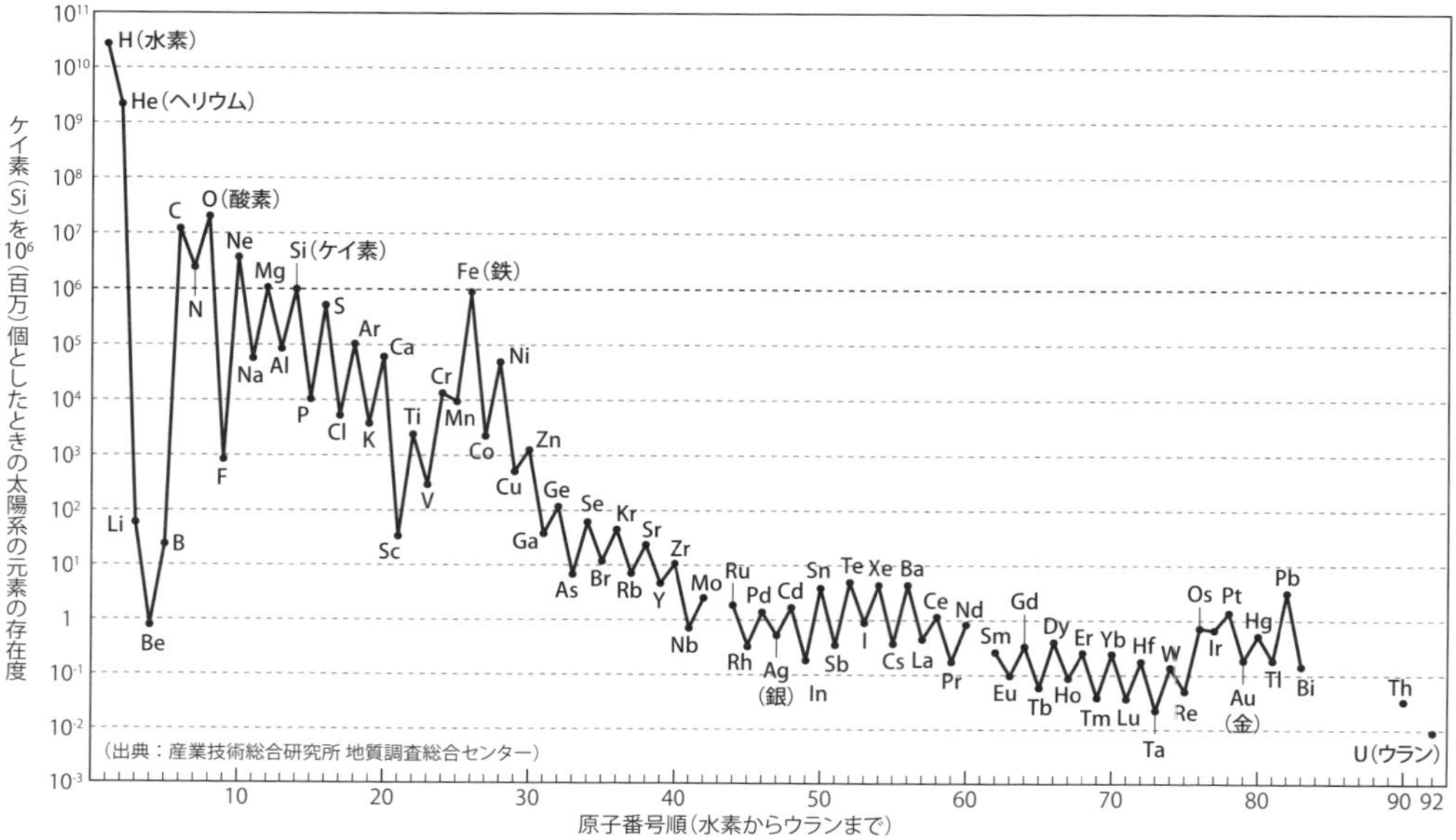

図2-2　太陽系の中の元素の存在度

4％がヘリウムです。それ以外の元素は、全部足し合わせても2％にも及びません。

さらに水素は軽いので、原子の数でいうと水素の割合はもっと多くなります。なんと太陽系にある元素全体の90％が水素です。ヘリウムは原子の数の上では9％、他のすべての元素を足し合わせて、やっと残りの1％です。

太陽系の外側に目を向けると、隣の恒星までの間には、ほとんど何もない真空の空間が延々と広がっています。しかし厳密にいうと、この空間にも、ほんの少しではありますが水素が含まれています。ものすごく薄い濃度ではありますが、宇宙空間は体積がとてつもなく大きいので、かけ算すると無視できない量になるのです。

宇宙の実態は水素だらけで、そこに少しヘリウムが含まれており、他の元素は隠し味程度といったところです。海水も雨水も血液の水分も、突き詰めれば、このように宇宙に豊富に存在している水素が元になっているわけです。

地球は46億年前、太陽の周りを回る岩石やチリが集まってできましたが、現在の地球にある物質の大半が、このときの元素のままです。なぜなら、先ほど説明したように、宇宙に存在しているほとんどの元素はビッグバン直後、恒星の中心部、超新星爆発の3つのケースで誕生したものであり、一部の例外を除いて地球上で元素が誕生することはないからです。

少なくとも46億年の地球の歴史上、元素は変わらぬまま存在し続けてきたわけです。変わっているのは、元素自体ではなく、元素と元素の組み合わせだけ。言い換えれば、無数の元素の組み合わせの変化によって生命が成り立っているということです。

そう考えると、命とは何ともとりとめのない、はかないもののように思えてきます。同時に、元素の歩む悠久の時の流れに、人智を超えた荘厳ささえ感じさせられます。

【発展コラム】生命の源は彗星が運んできた？

私が量子化学を使って取り組んでいた研究テーマは、おうし座にある暗黒星雲でどのような化学反応が起こっているかを解き明かすことでした。

暗黒星雲とは、自ら光を発せず、背後の星雲や星の光をさえぎることで周囲よりも暗く見える領域のことです。私たちの研究チームがこの研究に取り組んだ理由は、「生命の元になるアミノ酸は、地球ではなく宇宙で誕生した」ことを証明したかったからです。

ただし、80年代当時に主流となっていた学説は、原始の地球の大気には水、メタン、アンモニア、水素が豊富に含まれており、そこに雷が落ちてアミノ酸が合成されたというものでした。こうした反応が実際に起こることは、1953年、ユーリー・ミラーの実験として、フラスコの中でも再現されています。

しかし、雷で生成される程度のアミノ酸の量では生命は生まれないのではないか、という疑問の声も上がっていました。そんな中で浮上したのが、地球が誕生するより前から、実は太陽系にはアミノ酸が豊富にあったのではないかという説です。

そこで目をつけたのが、おうし座暗黒星雲だったのです。これは、太陽系ができる前の状態とよく似ており、ここでアミノ酸ができれば、太陽系でも地球の誕生前にアミノ酸ができていた可能性が広がるからです。

第1章で説明した通り、量子化学はひたすらシュレディンガー方程式を解くことによって化学反応を解き明かしていく学問です。しかし、何といっても地球上では重力が働くため、その計算が一気に複雑になってしまいます。

一方、宇宙空間では重力はほとんどゼロです。ですから、ひと昔前のコンピューターでも何とか軌道の計算ができたのです。そのおかげで、不完全ではありましたが、おうし座暗黒星雲でアミノ酸が合成されるプロセスの一端を解き明かすことができました。

その後、原始の大気にはメタンやアンモニアがわずかしかなかったことがわかり、今では、生命の元になったアミノ酸は宇宙に由来するという考え方が、かなり有力な学説として評価されています。

ただし、チリや岩石が集まって地球が誕生したときに含まれていたアミノ酸が、私たちの生命の源になったわけではなさそうです。誕生したときの地球はものすごく高温になっていたので、アミノ酸は壊れてしまっていたはずですから。

さらに、もともとの地球に火星ほどの大きさの巨大な天体が衝突し、そのときの破片で月が誕生したと考えられています。「ジャイアント・インパクト説」と呼ばれる有力な学説ですが、これが正しいとすると、やはりこの瞬間にアミノ酸の大半が壊されているはずです。

では、生命はどうやって誕生したのでしょうか。現在、最も支持されている仮説は、彗星が宇宙からアミノ酸を運んできたというものです。

彗星の尾は美しいものですが、この中には、水とともにアミノ酸も含まれていると考えられています。目には見えませんが、地球は太陽の周りを回りながら、かつて彗星が通った軌道の跡を次々と横切っています。そのたびに、彗星が残していった水とアミノ酸を地球が引き寄せていると考えられるのです。

たとえば、ペルセウス座流星群は、スイフト・タットル彗星という彗星が133年ごとに残していった星屑《くず》が、次々と地球の大気圏に突入して燃え上がることにより発生します。しかし、気がつかないだけで、もっと小さな水やアミノ酸のかたまりは、静かに地表に降り注がれているはずです。その他、ふたご座流星群についても、しぶんぎ座流星群についても、やはり彗星の残した星屑が燃えていることがわかっており、同時に水やアミノ酸も地球に供給されているはずなのです。それらが積み重なれば、十分に生命を生み出すだけの量になってもおかしくはありません。

私は迷信が大嫌いで、占いやおまじないはまったく信じていません。それでも夜空を見上げて流れ星を見つけると、ついつい願い事をしてしまいます。もし、彗星が運んできたアミノ酸が生命の起源となったという学説が正しいとしたら、私たち地球上の生命は、流れ星と遠い親戚関係にあることになります。

そんな流れ星に願い事をする文化が根づいたのは、ひょっとしたら、何か深い縁に導かれていたためだったのかもしれません。

第3章　化学反応を繰り返す人体

38億年間繰り返されてきた選択と淘汰

第2章では宇宙の謎にせまりましたが、実は私たちの体も、宇宙と密接に関わりあっています。意外かもしれませんが、医学を学べば学ぶほど、人体の中には宇宙の成り立ちの痕跡が残っているという興味深い真実が垣間見えてくるのです。そうした生命の神秘も浮き彫りにしてくれるのが、周期表に他なりません。

人体と宇宙が密接につながり合っていることに私が初めて気づいたのは、医学部に入学した直後でした。生理学の1回目の授業は、人体がどんな元素でできているのかという話から始まりました。

「だいたいの比率は覚えておくように。試験に出すよ」と言いながら、生理学の教授は構成元素の一覧表を板書しました。他の学生にとっては、人体の元素比率は単なる記号の羅列に過ぎなかったようで、つまらなそうにノートをとる学生が大半でした。

しかし、すでに量子化学を学んだ経験がある私にとっては違いました。目からウロコが落ちるような思いで一覧表を見つめていたことを、今でもよく覚えています。元素に対して土地勘があった私には、宇宙の一部が地球になる→地球の一部が海になる→海から生命が誕生という一連の進化の流れが、元素の構成比率から見えてきたのでした。

私たち人間は、38億年という途方もない長い時間をかけてこれまで進化してきました。その長い過程で、様々な化学反応を生命維持のために利用できないか、試行錯誤を繰り返しながら子孫を残してきたのです。といっても、もちろん、生命が自分の意志で化学反応を試したわけではありません。偶然にも環境に適応した化学反応を取り入れた個体が子孫を残し、それができなかった個体が絶滅したわけです。

こうした試行錯誤と淘汰《とうた》の結果、現在の人体ができあがりました。このように考えれば、生命の進化の歴史は、電子の軌道による化学反応の可能性を試す38億年だったといってもいいでしょう。

当然、身の回りにたくさんある元素であれば、生命は電子の軌道の可能性を頻繁に試すことができます。結果として、生き残るのに有利になる化学反応を見つけ出せる確率も高くなるため、その元素を利用できるように進化するのはごく自然な成り行きです。こうした経緯から、宇宙にある元素と私たちの体を構成する元素は大きくつながっているわけです。具体的にはどういうことなのか、論証していきましょう。

ただし、本書では原子の個数をベースにして論じているため、重量ベースで評価した定義とは多少異なることを補足しておきます。

人体は4つの元素から成る精密装置

宇宙とのつながりを解説する前に、まずは人体を構成している生体元素の割合を、周期表を使って確認しておきましょう。

人体は炭素でできているというイメージを持っている方が多いかもしれません。しかし実際には、原子の数でいえば、人体の62・7％を水素が占めています。水素に次いで多いのは酸素で、こちらは23・8％です。

水素と酸素が多い理由は、人体の大部分が水だからです。水はH_2Oなので、水1分子あたりに水素原子が2個、酸素原子が1個です。だから、水素と酸素は原子の数で比較すると、2対1に近い割合になるわけです。

水は体内と体外を頻繁に循環しているから、人体の構成元素から除外すべきだ、と考える人もいるかもしれません。しかし、他の元素もすべて、体内と体外を行ったり来たりしているので、水だけが特別だというわけではないのです。

人体の内外を循環しているという点では、3位の炭素についても事情は同じです。炭水化物にも脂肪にもタンパク質にも、炭素が豊富に含まれており、食事をするたびに栄養素を腸

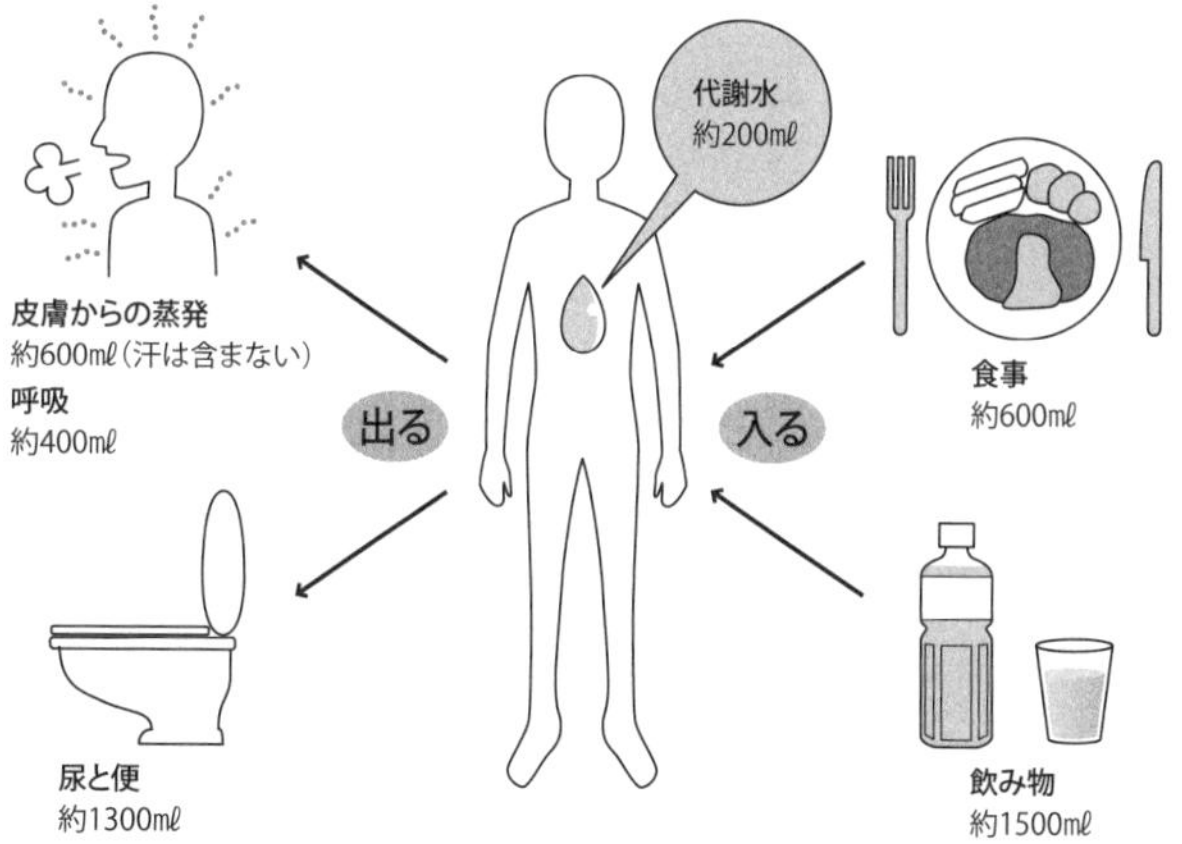

図3-1　人体の内外を循環する水

から吸収することで、毎日大量の炭素原子を体内に取り入れているわけです。

一方、太ったり痩《や》せたりしなければ、それと同じ量の炭素原子を体外に捨てている計算になります。

では、私たちはどうやって炭素原子を排出しているのでしょうか。

もちろん、多少は大便と一緒に炭素原子を捨てているのですが、圧倒的に多いのは吐く息です。酸素を使って栄養素を燃焼させ、できあがった二酸化炭素を呼気とともに吐き出して捨てているわけです。ちなみに、糖尿病でもない限り、尿から炭素原子を捨てることはほとんどありません。

こうして炭素は、常に体外と体内をグルグル

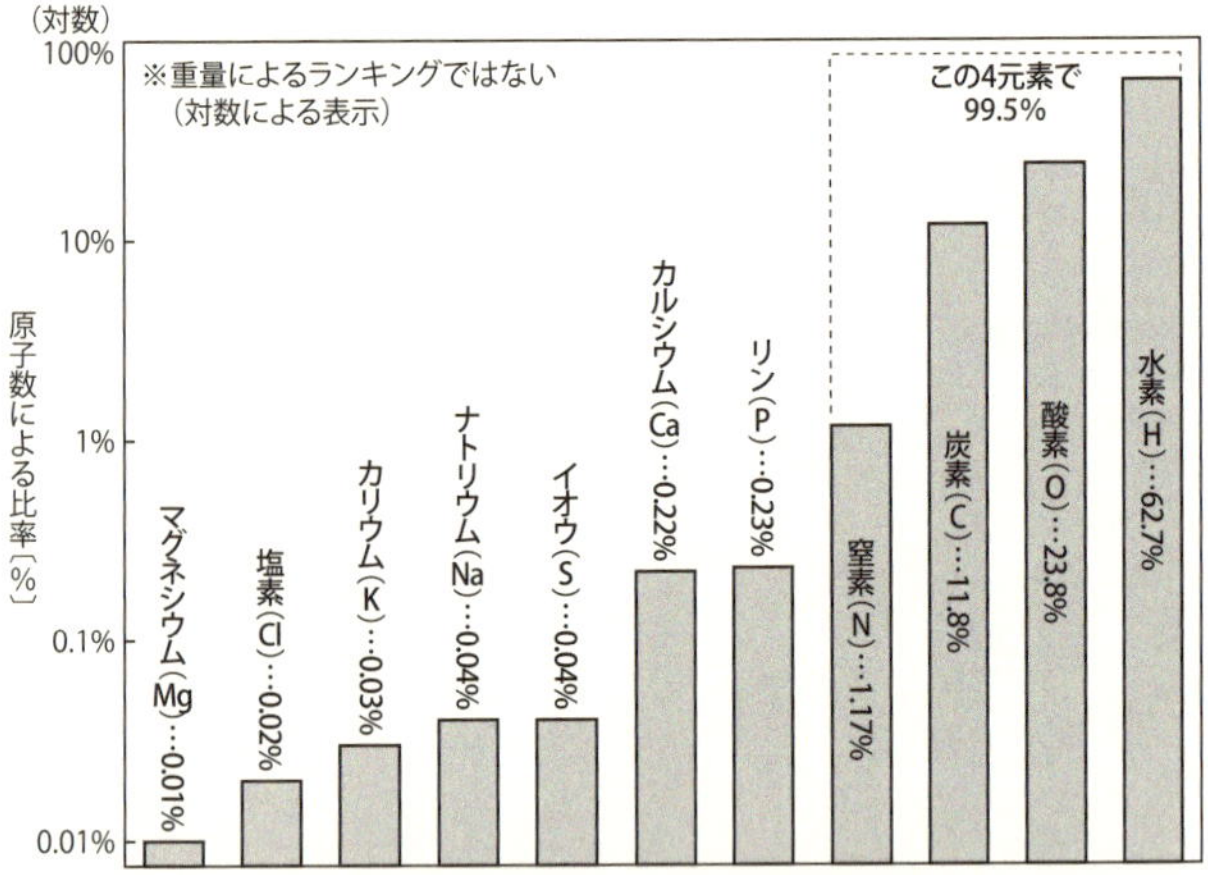

図3-2　人体を構成する元素の一覧（原子の数による比率）

循環しています。同じ炭素原子が体内に留まっているわけではありません。

このように、人体を構成する元素は、大半がどんどん入れ替わっています。だから、水だけを例外扱いにしてカウントしないのはフェアとはいえません。

人体を構成する元素で4番目に多いのは、窒素です。空気中では、窒素原子は2個結合した窒素分子として存在していますが、体内では、タンパク質を構成するアミノ酸に必ず含まれている元素としてたいへん重要です。タンパク質は人体の構造の基礎をつくり上げているため、体内での含有量が多いのです。

以上の4つの元素だけで、人体全体の99・5%を占めています。つまり、大ざっぱにいうと、

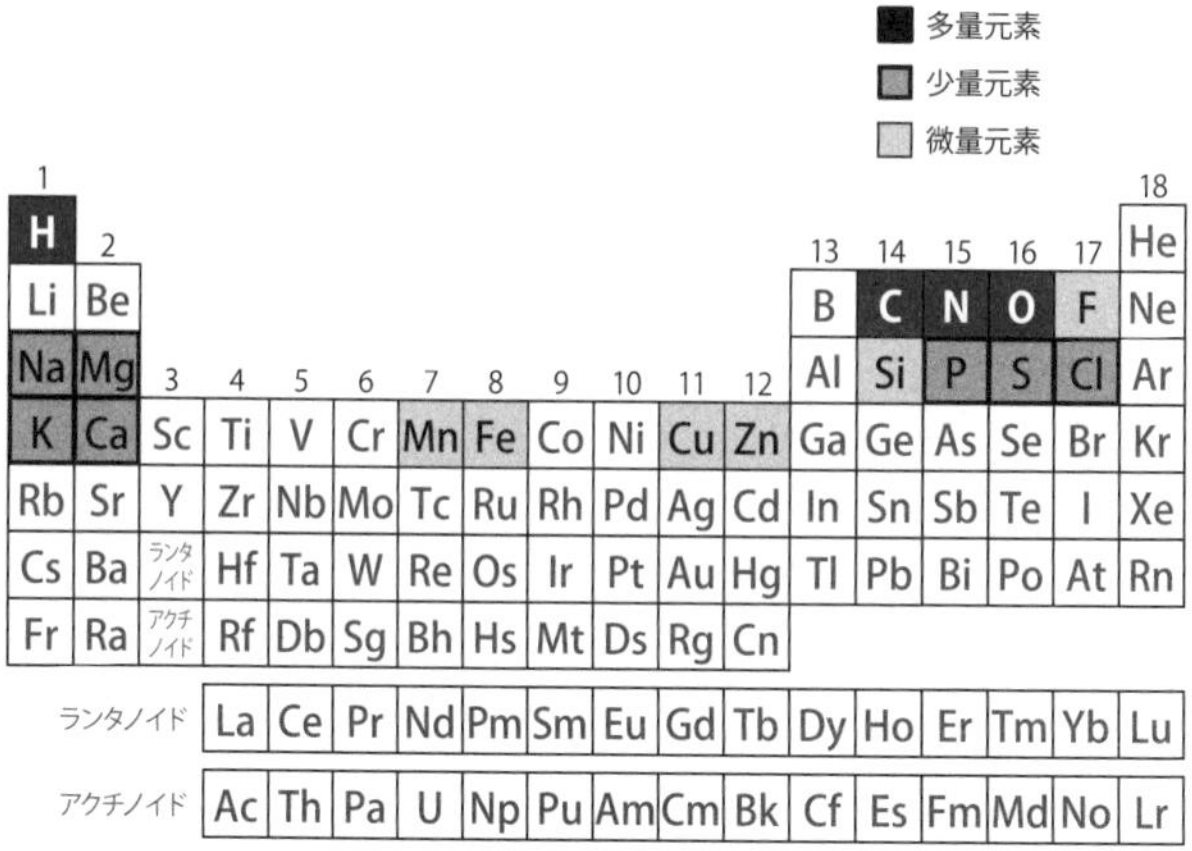

1																	18
H	2											13	14	15	16	17	He
Li	Be											B	C	N	O	F	Ne
Na	Mg	3	4	5	6	7	8	9	10	11	12	Al	Si	P	S	Cl	Ar
K	Ca	Sc	Ti	V	Cr	Mn	Fe	Co	Ni	Cu	Zn	Ga	Ge	As	Se	Br	Kr
Rb	Sr	Y	Zr	Nb	Mo	Tc	Ru	Rh	Pd	Ag	Cd	In	Sn	Sb	Te	I	Xe
Cs	Ba	ランタノイド	Hf	Ta	W	Re	Os	Ir	Pt	Au	Hg	Tl	Pb	Bi	Po	At	Rn
Fr	Ra	アクチノイド	Rf	Db	Sg	Bh	Hs	Mt	Ds	Rg	Cn						

| ランタノイド | La | Ce | Pr | Nd | Pm | Sm | Eu | Gd | Tb | Dy | Ho | Er | Tm | Yb | Lu |
| アクチノイド | Ac | Th | Pa | U | Np | Pu | Am | Cm | Bk | Cf | Es | Fm | Md | No | Lr |

図3-3　人体に含まれる元素（原子の数で評価した場合）

人体は水素、酸素、炭素、窒素でできた精密装置だというわけです。

　これらを周期表に照らし合わせると、ダントツ１位の水素は第１周期、２位の酸素、３位の炭素、４位の窒素は第２周期です。元素の種類は１００以上もあるのに、人体を構成している元素は圧倒的に周期表の上部、つまり、原子番号が小さい元素に集中していることがわかります。

体をつくる少量元素

　次の５位から11位までは、人体に含まれる**「少量元素」**と呼ばれているものです。ひとつずつご紹介していきましょう。

5位　リン（P）　6位　カルシウム（Ca）

リンというと、マッチや肥料に使うものといったくらいの認識で、人体に多く含まれているというと意外に感じるかもしれません。

マッチにリンが使われる理由は、260度という低い温度で発火するためです。同じようにリンの発火温度が低いため、墓地に土葬されていた遺体が分解されてリンが発生すると、自然現象の放電で引火し、火の玉が生じました。このことが「幽霊は火の玉とともに出る」という伝承につながったのですが、元を正せば人体にリンが豊富に含まれていたことが原因だったわけです。

人間をはじめほとんどの生物は、リンがなければ生きていくことができません。私たちの細胞は、核にあるDNAに書きこまれた設計図によってできており、そのDNAにはリン酸が必ず含まれています。このため、リンがなければ細胞分裂もできなければ、子孫に命をつなぐこともできないわけです。

また、リンは骨や歯の材料にも使われています。骨や歯はカルシウムのかたまりだと思っている人が多いようですが、純粋なカルシウムは金属です。映画「ターミネーター」に出てきた金属アンドロイドでもない限り、こんなもので人体はつくれません。実際は、ハイドロキシアパタイトと呼ばれるリン酸カルシウム系の化合物が、骨や歯の主成分です。

歯磨き粉のコマーシャルなどでハイドロキシアパタイトという名前は聞いたことがあるでしょう。化学式で書くと、$Ca_{10}(PO_4)_6(OH)_2$で、確かにリンが含まれていることがわかります。しかも、カルシウムとリンの比率は、原子の数でいえば10対6です。予想以上にリンが多いと思われるかもしれませんね。

ただし、普通の食生活をしていれば、リンが不足することはありません。私たちは動物と植物を食べて生きていますが、動物にとっても植物にとってもリンは生きていくために不可欠です。何を食べても豊富に含まれているので、いくら不摂生な食生活をしてもリンが不足することはありえません。だから、医者が「リンを取りましょう」と呼びかけることもなく、リンが生活から縁遠いものに感じるようになったわけです。

生命にとって必要不可欠であるがために、逆に身近に感じない……。人間の認識なんて、結構いい加減なものです。

7位　イオウ（S）

イオウというと温泉に含まれているものだというイメージしかないかもしれませんが、人体にとって不可欠な必須アミノ酸のひとつ、メチオニンにはイオウが含まれています。そのほか皮膚や髪、それに爪の成分であるケラチンにもイオウが含まれています。

髪の毛はちょっと引っ張ったくらいでは切れませんが、これはイオウの原子同士が結合しているためです。イオウがなければ髪の毛は強度を維持できず、軽く触っただけでボロボロと崩れてしまいます。髪がきれいだとほめられたら、イオウのおかげだということを思い出してください。

8位　ナトリウム（Na）　9位　カリウム（K）

第4章で詳しく述べますが、私たちの筋肉や神経はナトリウムとカリウムのおかげで機能しています。

ナトリウムもカリウムも、体内ではプラス1価のイオンとして存在しており、電気的に中和するにはマイナスイオンも必要となります。そのために存在しているのが、次にあげる塩素です。

10位　塩素（Cl）

お酒を飲んだら眠くなるのも、一般的に使われている睡眠薬で眠くなるのも、塩素イオン（正式には塩化物イオンと呼ぶ）の働きによるものです。

脳の中には、ＧＡＢＡ（ギャバ）という成分を使って情報をやり取りする、ＧＡＢＡニューロンという神経があります。この神経が活発に働くと、大脳の活動が沈静化されて眠くなる仕組みになっています。

脳を興奮させる神経の膜には、塩素イオンを通す小さな穴が存在します。人体には塩素イオンはたくさんあるのですが、この穴は普段は閉じているため、細胞の中に入っていけません。しかし、アルコールや睡眠薬でＧＡＢＡの作用が強化されると穴がパカっと開き、細胞内に塩素イオンが一斉に入っていきます。

塩素イオンはマイナス１価のイオンなので、細胞の中も電気的にマイナスになっていきます。そうすると大脳が興奮しにくくなり、眠くなるわけです。これが、睡眠薬を服用し、あるいはお酒を飲むと眠くなる仕組みの正体です。ちなみに、睡眠薬を服用したら飲酒は厳禁です。神経細胞に塩素イオンが流入しすぎて、制御不能に陥ることがあるからです。場合によっては、呼吸が止まって命を落とすこともあります。

11位　マグネシウム（Mg）

人体の全マグネシウムの60%が、骨に含まれています。

リンは不足することがないので、無理をして多めに取る必要はないのですが、骨を丈夫にするには、カルシウムだけでなくマグネシウムも必要だということを忘れてはいけません。

カルシウムとマグネシウムは、2対1の割合で摂取するのが理想です。しかし、現代人はがむしゃらにカルシウムを取るばかりで、マグネシウムが不足しがちな人が少なくないのです。その結果、カルシウムとマグネシウムのバランスが悪くなって骨密度が低下する他、心筋梗塞や狭心症を引き起こしてしまう場合もあります。

ちなみにマグネシウムは、アーモンドや、コンブやワカメなどの海藻類に豊富に含まれています。

重い元素は人体に少ない

ここで、5位から11位までの少量元素を、周期表の位置に照らし合わせてみましょう。このうち5つの元素が第3周期、2つの元素が第4周期にあります。

トップ4の元素は第1周期と第2周期だったことを思い出してください。人体に多く使われる元素ほど周期表の上のほうにあり、少ししか使われない元素ほど周期表の下のほうに位置しているということがよくわかると思います。この傾向については、宇宙を構成する元素の場合と同じです。

ちなみに12位以降は、鉄、亜鉛、マンガン、銅と続き、人体はここまでの15の元素でほぼ100％構成されています。鉄、亜鉛、マンガン、銅はすべて第4周期の元素です。やはり、人体での含有量が少ない元素ほど、周期表の下のほうに位置しているという傾向は変わりません。

さらに第5周期の元素については、ストロンチウムとヨウ素が、ごくごくわずかに人体に含まれているだけです。第6周期以降については、人体に含まれる元素が基本的にはありません。

では、どうして人体には、周期表の上のほうにある元素がたくさん含まれ、下のほうにいくほど含まれる量が少なくなるのでしょうか。答えはシンプルです。宇宙にも、大ざっぱにいって、周期表の上に位置している元素ほど多く存在し、周期表の下にいくほど元素は少ない量しか存在しないからです。

人体を構成している元素はすべて、地球が誕生するよりも前に宇宙で誕生したものです。

だから、宇宙に多くある軽い元素が人体にも多く、宇宙に少ない重い元素は人体にも少ないということです。

錬金術師の無駄な努力で化学は発展した

地球上の元素自体は不変ですが、化学反応については私たちの体内のそこらじゅうで、常に無数に生じています。化学反応とは、元素と元素が結合する組み合わせを変えることです。

たとえば、体内ではブドウ糖が燃焼し、次のような化学反応が起きています。

$$C_6H_{12}O_6 + 6O_2 \rightarrow 6CO_2 + 6H_2O$$

二酸化炭素（CO_2）や水（H_2O）など、元素が組み合わさって構成されている物質が化合物です。ブドウ糖が燃焼してできた化合物としての二酸化炭素や水は、一般的には体内で誕生したものとして扱われています。

ただし、炭素も水素も酸素も、元素としては、単に結合する組み合わせが変わっているだけです。ブドウ糖が燃焼したからといって、元素そのものは何も変わっていません。つまり、こうした元素が体内で誕生したというわけではないのです。

このように地球上の元素は、化学反応によって組み合わせがどんどん変わっていますが、元素自体はほとんど変化することがありません。地球が誕生する前に宇宙でつくられたものが大半です。

厳密にいうと、元素が崩壊して別の元素に変わるということはあります。その典型例が、放射性物質です。原子核が不安定であれば、崩壊して他の元素に変わります。このときに放射線を出すので、放射性物質というのです。

たとえば、原子力発電所にある原子炉の中では、ウラン２３５が崩壊して分裂し、ヨウ素１３１、セシウム１３７、ストロンチウム90などが生成されています。福島県で起きた原発事故では、これらが原子炉の外へ漏れ出してしまったわけです。

ただし、地球全体で見れば放射性物質は例外的なもの。普通に見られる化学反応は、単に元素の組み合わせが変わっているだけのことです。

しかし、このことを知らないために人生を棒に振ってしまった人が、歴史上、数多く存在しました。それが中世ヨーロッパの錬金術師たちです。

彼らは、様々な金属や薬品を混ぜ合わせて金をつくり出そうとしました。つまり、化学反応によって人工的に金をつくろうとしたのです。しかし、金は単体の元素です。化学反応によって別の元素同士の組み合わせをいくら変えても、新たに生み出されることはありません。だから、錬金術師たちの挑戦は初めから失敗する運命にあったのです。

といっても、錬金術はすべてが無駄だったかというとそうではありません。塩酸、硫酸、硝酸は、いずれも錬金術の研究を通して発見されたものです。また、蒸留器などの実験器具も、錬金術を目的に発明されたものです。現代の化学は、錬金術の基盤の上に発展した学問といってもいいでしょう。

ちなみに、万有引力を発見した偉大なる科学者アイザック・ニュートンも、実は錬金術に没頭していたひとりです。このため、ニュートンは「最後の錬金術師」と呼ばれることもあります。

なぜヘリウムは人の体内に存在しないのか

宇宙に多く存在する元素が人体にも多く含まれるはずなのに、宇宙で2番目に多いヘリウムは、どうして人体には含まれていないのでしょうか。

元素と元素の間で起こる化学反応は、基本的には最も外側の軌道の空席を埋めてエネルギーを安定させるために起きています。ところが、ヘリウムが属しているグループ18の元素にはそもそも電子の軌道に空席自体がないので、ごく一部の例外を除き、他の元素と化学反応を起こすことはありません。

グループ18の元素は、すべて最も外側の軌道が電子で埋まっています。このため、ひとつの原子が単独の状態で存在しており、すでにこれでエネルギーは安定しているのです。実際、一部の例外を除いては分子を構成することもありません。グループ18の元素については、生物がいくら工夫しても、電子の軌道を生命活動に利用する余地がもとからなかったのです。実際、ヘリウムだけでなく、ネオンやアルゴンなどグループ18の元素はいずれも人体にはまったくといっていいほど含まれていません。

以上が、ヘリウムが宇宙には2番目に多いのに、人体には含まれない理由です。

化学反応とは何か

化学反応とは元素の組み合わせを変えることだと述べてきましたが、これは元素を理解する上でも重要なので、もう少し具体的な例をあげて説明しておきましょう。

たとえば、水素と酸素が混ざった気体に火をつけると、激しく反応を起こし、水ができあがります。これが水素爆発です。福島第一原発でも、この反応が起こってしまいました。化学式で書くと、以下のようになります。

$$2H_2 + O_2 \rightarrow 2H_2O$$

この反応が起こるのは、水素原子も酸素原子も、最も外側の軌道に電子の空席があるからです。

空席がある状態のままでは水素も酸素もひどく不安定な原子なので、2つずつ結合して、水素分子（H_2）、酸素分子（O_2）として存在しています。水素分子の場合、2つの原子がそれぞれひとつの電子を出し合う形で2つの電子を共有しているので、外側の軌道の席がすべて電子で埋まります。酸素分子も同様です。そのため、H_2もO_2も安定するのです。

さらに、これらの原子が組み合わせを変え、水（H_2O）になると、もっと安定します。これは酸素原子Oと水素原子Hの軌道の形がぴったり合致するので、H_2Oが2つある状態でいたほうが、H_2が2つ、O_2がひとつの状態よりも、トータルのエネルギーは低くなるからです。

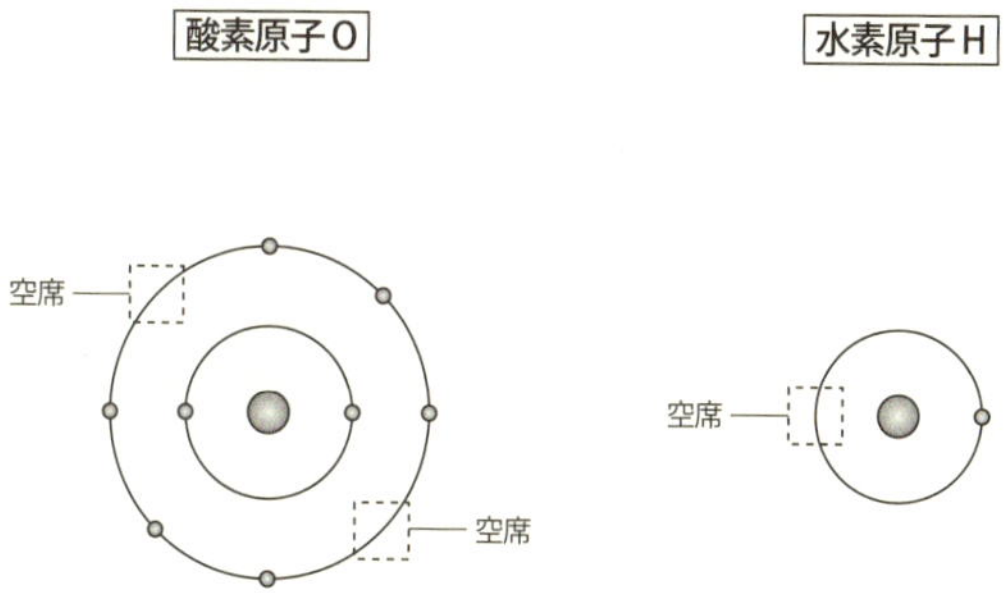

図3-4　水素原子、酸素原子の電子配置

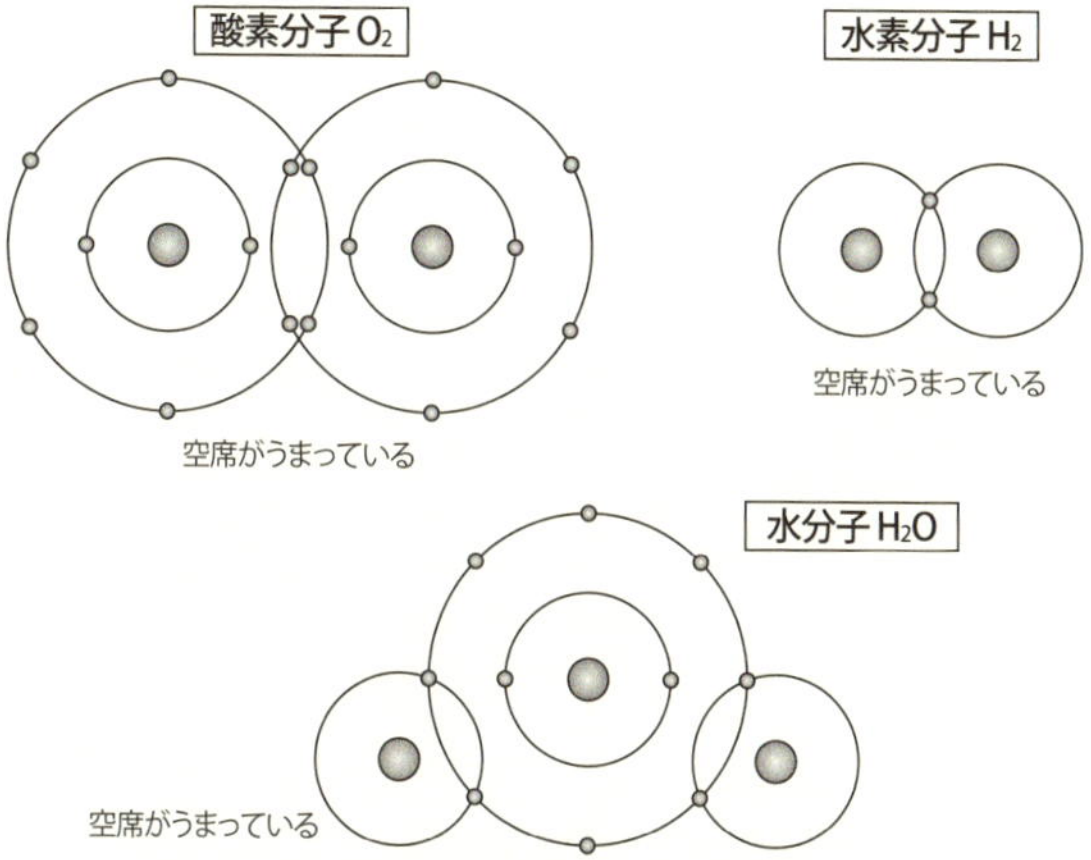

図3-5　水素分子、酸素分子、水分子の電子配置

地球上にあるすべての重い物質は、高いところから低いところに移動しようとします。これは、低い場所のほうが高さの持つエネルギー（位置エネルギー）が低いため、より安定するからです。これと同じように、原子の場合も、原子と原子の組み合わせを変えることで、よりエネルギーが低い安定した状態に移行しようとします。それが、H_2O に化学変化を起こすということです。

わかりやすい例として水素爆発という単純な反応を取り上げましたが、地球上で起こっているすべての化学反応の本質はまったく同じです。原子の組み合わせを変えることで、よりエネルギーが低い安定した状態に移行する……。ありとあらゆる化学反応は、突き詰めると、このひと言に尽きます。

人の体に関しても同様です。私たち人間をはじめ、すべての生物は無数の化学反応を起こしながら、低いエネルギー状態を目指して原子の組み合わせを変えながら生きています。一つひとつの原則は実にシンプルですが、それが無数に組み合わされると、非常に高度な機能をもった人体の営みが生み出されるということです。

ベリリウムは宇宙になぜ少ないのか

先ほど、元素が周囲の環境に多いほど、生命は電子の軌道の可能性を試す機会が多いと述べましたが、これについて宇宙と人体との関係を象徴的に表している元素があります。もう一度、73ページの図2-2を見てください。注目していただきたいのは、原子番号4のベリリウムで、グラフが下向きに切れ込んでいることです。炭素、窒素、酸素よりも軽い元素にもかかわらず、すごく存在量が少なくなっています。

宇宙にほんの少ししかないベリリウムは、人体にも含まれていません。おおまかな傾向として、人体には周期表の上のほうに位置する軽い元素ほど多いといいましたが、ベリリウムは明らかにこの法則から外れています。たとえ軽い元素でも、宇宙に少ない元素はやはり人体にも存在しないわけです。

科学が進歩した現在でも、ベリリウムの用途はかなり特殊な例に限られます。たとえば、原子力発電で使う減速材としてベリリウムが使われています。減速材とは、原子炉で中性子が発生するスピードを落とさせるものです。あるいは、人工衛星から宇宙を観測する望遠鏡の材料にもベリリウムが使われることがあります。いずれも、日常生活とはかけ離れたかなり専門的な分野です。

では、どうしてベリリウムは、こんなに少ない量しか宇宙に存在しないのでしょうか。

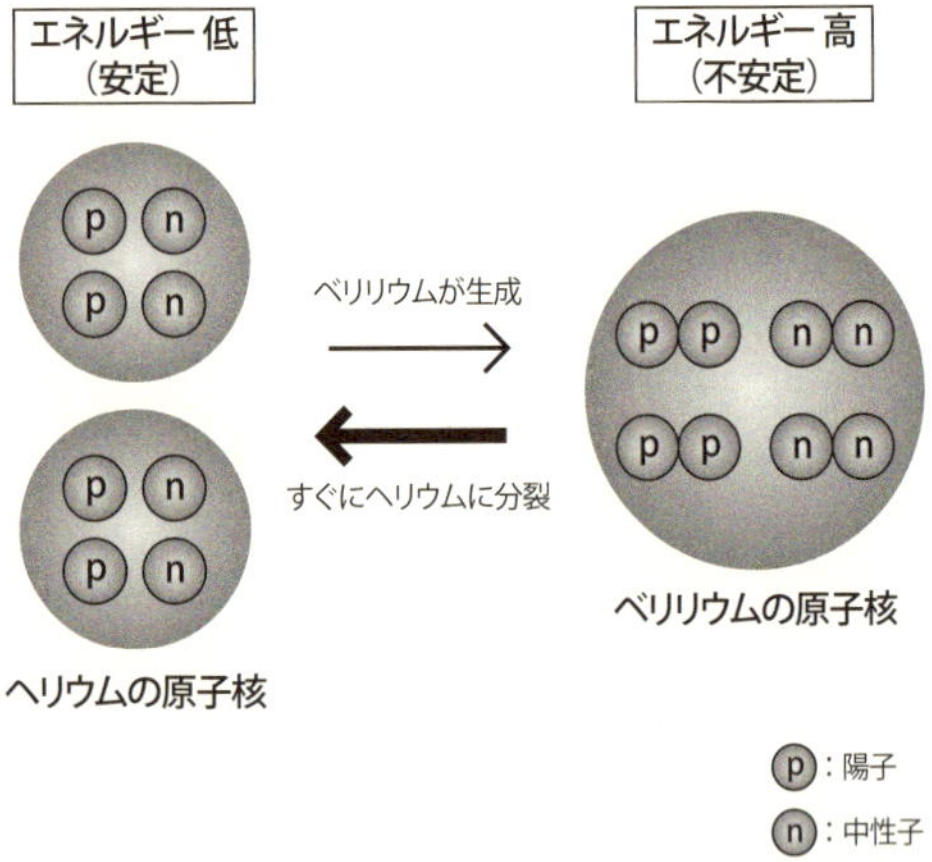

図3-6　安定したヘリウムと不安定なベリリウム

その理由は、ヘリウムの性質にあります。ヘリウムがあまりにも安定した元素であるため、陽子4個と中性子4個からなるベリリウム8は、できあがってもすぐにヘリウム2個に分裂してしまいます。結果として、中性子が1個多いベリリウム9しか残らなかったので、宇宙にわずかしか存在しないのです。

一方、3つのヘリウムが結合すると炭素が生成されます。こちらはヘリウムより安定しているので、できあがった炭素がヘリウム3つに分裂して元に戻るということはありません。ヘリウム2個が衝突するより3個が衝突するほうがはるかに稀《まれ》なので、本来なら炭素はベリリウム8よりずっと少ない量しかできないはずです。

ところが、ベリリウム8が安定的に生成されなかった分だけ、この宇宙では、相対的に炭素12の量が多くなりました。

この豊富な炭素を特に重要な構成元素として誕生したのが、私たち地球上の生命です。もし、ベリリウム8がヘリウムより安定していたら、ひょっとしたら現在のような生命は誕生していなかったのかもしれません。とすると、私たちは不安定なベリリウム8に感謝しなければいけませんね。

図２‐２を見ると、ベリリウムの前後のリチウムとホウ素も、ベリリウムほどではないですが、少ないことがわかります。これらも、陽子と中性子の数が、たまたまつくられにくい組み合わせだったためです。

では、人体ではどうかというと、リチウムはまったく含まれず、ホウ素もごくごく微量しか含まれていません。

ちなみに、リチウムは電池の材料として、今とても需要が高まっています。その割に埋蔵量が少ないので、これが電池のコストを下げるネックになっているのです。

ホウ素は、目薬のイメージが強いでしょう。目の粘膜に対する刺激が少ないにもかかわらず、細菌が繁殖するのを抑える効果があるので、防腐剤として目薬に加えられている場合が多いのです。

リチウムとホウ素は、ベリリウムよりは身近な元素でしょう。しかし、原子番号でいえば、その直後にあたるのは炭素、窒素、酸素です。これらの元素と比べれば、リチウムもホウ素も、はるかに縁遠いものです。宇宙の存在比率と見事に一致していますね。図2-2は、私たちにとって、身近さを表すグラフだといっても通用する気がします。

原子番号は偶数のほうが安定している

注意深い方は、図2-2がノコギリの刃のようにギザギザ状になっていることに気づいていることでしょう。これは、原子番号が偶数の元素のほうが、原子番号が奇数の元素よりも多く存在しやすいことを示しています。

原子核は、陽子の数が偶数の場合のほうが、奇数の場合よりエネルギーが安定しやすいという性質を持っています。ですから、結果として原子番号が偶数の元素のほうが大量にできやすいのです。これを、オド・ハーキンスの法則といいます。

人体の構成元素として窒素は第4位でした。大切な元素ではありますが、2位の酸素や3位の炭素には存在量が及びません。これも、オド・ハーキンスの法則により、そもそも宇宙で窒素が誕生した量が、原子番号が前後する炭素や酸素より少なかったことが原因のひとつだと考えられます。

もちろん、窒素原子が2つ結合した窒素分子が安定していて反応性が乏しいという事情もありますが、宇宙が窒素だらけだったら、おそらく生命は、窒素を別の形でも利用できるように進化をとげていたでしょう。

私たちは元素に依存して生きている

「貧血を予防するために、鉄を取りましょう」
「骨を丈夫にするために、マグネシウムを取りましょう」
「味覚障害を予防するために、亜鉛を取りましょう」

こうした健康情報は何度も耳にしたことがあるはずです。鉄、マグネシウム、亜鉛といった金属が人体にとって不可欠であることは、今や常識かもしれません。

その一方で、「健康のために、水銀を取りましょう」という話は聞いたことがないはずです。同じ金属とはいっても、水銀は人体の役に立たないどころか、毒性があるのはご存じの通りです。熊本県の水俣湾で起きた水俣病や、新潟県の阿賀野《あがの》川の下流域で起きた第二水俣病は、水銀が原因で起こった公害病でした。

この他、カドミウムはイタイイタイ病を引き起こし、鉛も鉛中毒を引き起こします。また、ヒ素が猛毒であるのはよくご存じでしょう。1998年和歌山市で、夏祭りで振る舞われたカレーにヒ素を混ぜて4人が殺害される事件が起きたことで、よく知られるようになりました。先ほど説明したベリリウムも、人体には毒性があります。

健康に役立つ金属もあれば、命を奪い取る金属もあるわけですが、大ざっぱにいえば、宇宙にたくさんある金属は健康に役立ち、宇宙に少ししかない金属には毒性がある可能性が高いということです。

生命は38億年に及ぶ歴史の中で、周囲の環境にある元素をなんとか利用できないか、あの手この手で工夫しながら進化してきました。鉄もマグネシウムも亜鉛も、周囲に豊富に存在したので、生命は使いこなせるようになったのです。

いったん生命が使いこなせるようになると、今度は生きていくためにその元素に依存するようになります。だから、その元素が不足すると、健康を損なってしまうわけです。

酸素を運ぶ貴重な金属

生命は身近にある様々な金属を使いこなしてきましたが、その中でも別格といえるほど重要なのは、鉄です。何といっても、人体は酸素を運搬するために鉄を使っています。全身にある60兆個の細胞はすべて酸素によって生かされているため、鉄は人間にとって生命線である元素といえるのです。

血液は、肺から全身へ酸素を運び、代謝で生じた二酸化炭素を全身から肺へ送って捨てています。しかし、酸素と二酸化炭素では、運び方がまったく異なります。

血液で二酸化炭素を運ぶのは実に簡単です。二酸化炭素は水に溶けて炭酸になるので、血液の水分に溶かして運べばいいのです。つまり、勝手に炭酸水になってくれるので、血液は特別なことは何もする必要はなく、ただ水分をグルグルと全身に循環させていればいいというわけです。

対照的に、酸素を運ぶのはひと苦労。二酸化炭素と比べると、水にほんの少ししか溶けないからです。冷水なら、まだそこそこ酸素は溶けることができるのですが、体内温度の37度まで上がると、溶解量はぐっと下がります。

ちなみに、南国の海が透明なのはこのためです。熱帯の海は水温が高いので、酸素の量が少なく、このためプランクトンも多くは生きられません。ですから、海水が透き通って見えるのです。一方、北国の海は水温が低いので、比較的多くの酸素が溶けています。だから、プランクトンが繁殖し、水が濁《にご》って見えるのです。その結果、プランクトンを食べる魚も、水温が低いほど豊富に育ちます。巨大なクジラが北極や南極の海に住んでいるのも同じ理由です。

体内の血液は熱帯の海よりもさらに温度が高いので、人体は酸素をただ水分に溶かして運ぶというわけにはいきません。そこで登場したのが、赤血球の中にあるヘモグロビンです。ヘモグロビンには「ヘム」と呼ばれる赤い色素があり、図3‐7のように、その心臓部に鉄がくっついているのがヘモグロビンです。この鉄があるからこそ、酸素を効率よく運ぶことができるのです。

実は、化合物を使って酸素を運ぶのは、たやすいことではありません。酸素と結合するだけなら、物質は山ほどあります。酸化する物質は、すべて酸素と結合するわけです。ただし問題は、結合した酸素を細胞に手渡さなければならないということです。酸素と結合したままなら、人の細胞にとっては、何の役にも立ちません。

肺では酸素とくっつき、全身の細胞に酸素を受け渡す。この働きをするには、どうしてもある程度の大きさの金属が必要だったのです。炭素、水素、酸素、窒素といった普通の有機化合物では原子が小さすぎて、酸素とまったくくっつかないか、完全に結合するかのどちらかになってしまいます。

しかし、これよりはるかに大きな鉄の原子が持つ外側の電子の軌道をうまく利用することで、温度が低い肺では酸素とくっつき、温度が高い全身では酸素を離そうとするという絶妙な性質を設計することができたのです。それがヘモグロビンなのです。

だから、体内で鉄が不足すると、酸素がうまく運べなくなって貧血を生じてしまいます。とくに女性は、月経により血液が体外に出てしまうので鉄が不足しやすく、多くの方が貧血に悩まされています。

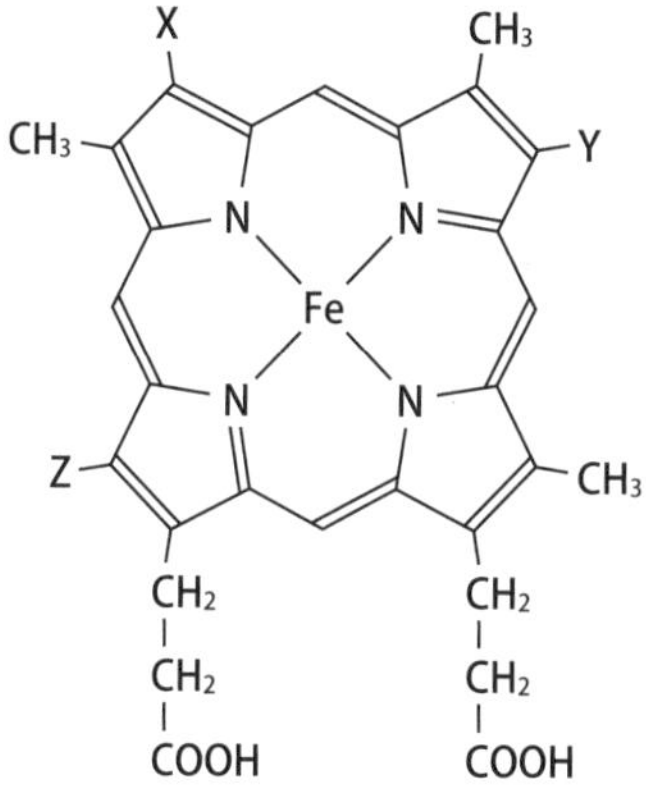

図3-7　ヘモグロビンの一部ヘム（赤い色素）

実は、酸素の運搬という重要な役割を果たす金属は、化学的には、必ずしも鉄でなければならなかったというわけではありません。外側の電子の軌道が鉄とよく似た金属、たとえばクロム（Cr）、マンガン（Mn）、コバルト（Co）、ニッケル（Ni）、銅（Cu）などでも、タンパク質の構造さえ工夫すれば、ヘモグロビンと同じような機能を持つ物質をつくり出すことが、理論的には可能です。

しかし、こうした多くの候補となる金属から鉄を選んで命を託《たく》したのは、存在量が多かったというひと言に尽きます。もし宇宙がコバルトだらけだったら、人体はコバルトで酸素を運んでいた可能性が高いと思います。そうしたら、私たちの血液はコバルトブルーだったのかもしれません。

第4章　私たちはなぜ、動くことができるのか

動物は2つの元素で動かされている

前章では、周期表を通して宇宙から人体が誕生した137億年のロマンにせまりました。これに続き本章では、38億年の生命の進化の謎に焦点を当てていきましょう。主に取り上げるのは、生命の多様な機能の中でもきわめて重要な、神経と筋肉です。

動物が動き回れるのは、筋肉を持っているためです。一方、動物が光や音、においなどを感じ取れるのは、神経があるためです。つまり、動物の性質を決定づけているのは、筋肉と神経に他なりません。人間が動物として生きていく上でも最も大切な器官だといっていいでしょう。

神経とは、電気の刺激（インパルス）を使って、情報を伝達する組織です。一方、筋肉は縮んだり伸びたりして身体を動かす働きをします。一見まったく異なるもののように感じますが、実は、神経と筋肉は基本的な仕組みはほとんど同じで、ナトリウムとカリウムの2つの元素によって機能の本質的な部分が担われているのです。

ナトリウムとカリウムは、小さい専用の穴を通って細胞の内側と外側を行ったり来たりします。これによって様々な機能が発揮されるわけですが、こうした基本的なメカニズムは神経と筋肉に共通しているのです。

ここで、周期表の登場です。ナトリウムとカリウムの位置を確認しておきましょう。どちらも最も左の列にあります。これは、グループ１と呼ぶのでしたね。

グループ１の元素はいずれも最も外側の軌道が電子１個であるため、この１個の電子を失ってプラス１価のイオンになるという性質が似ている。だから人体は、セシウムをカリウムと間違って体内に取り込んでしまうということを、第１章で解説しました。

ナトリウムについても事情はまったく同じです。やはり人の体内では、最も外側の１個の電子を失い、プラス１価のイオンの状態で存在します。

注目していただきたいのは、周期表の中でナトリウムとカリウムが、上下に隣接していることです。動物が神経と筋肉の働きをナトリウムとカリウムにゆだねた理由は、まさにこの位置関係にあったと考えられるのです。

ナトリウムは不安定な金属

ナトリウムは原子番号11の元素です。周期表では、グループ１の中の第３周期に位置します。

グループ１は、別名アルカリ金属ともいいます。「ナトリウムって金属なの？」と疑問に思った方も少なくないかもしれません。実際、世間ではナトリウムは金属ではないというイメージを持っている方が多いようです。これは、無理もありません。専門の化学者でさえ、昔はナトリウムが金属であることに確信が持てず、論争になったほどです。

純粋なナトリウムは、金属特有の光沢を持つ銀色のかたまりで、どこから見ても金属そのものです。ただし、最も外側の軌道に電子がポツンと1個だけ回っているので、とても不安定です。

ナトリウムのかたまりは、チャンスがあれば1個の電子を捨て、プラス1価のイオンになろうとします。そうすれば、電子の軌道は過不足なく定員いっぱいの満席状態になるので、とても安定するのです。

このため、ナトリウムのかたまりは、空気中に放置するだけで、酸素と反応してアッという間にイオンに変化してしまいます。水と接触させるともっと大変です。水と激しく反応して水素を発生させ、爆発を起こすこともあります。これを防ぐため、研究室ではナトリウムを石油の中につけて保存しています。

人の体内では、もちろんナトリウムを石油の中につけておくことなど不可能です。だから、純粋な金属としてのナトリウムは体内には存在しません。人体にあるナトリウムは、すべてプラス１価の安定したイオンとして存在しています。

ナトリウムというと、塩化ナトリウム、つまり食塩が、私たちにとって最も身近な形ですね。実際、海水中には２・９％弱、私たちの血液には０・９％の食塩が溶けています。もちろん、これもプラス１価のイオンという安定した状態です。

体重60キロの人は、４０００ベクレル保有している

アルカリ金属の中で第４周期の元素がカリウムです。カリウムというのはドイツ語なのですが、もともとは植物の灰を意味するアラビア語が語源です。その名の通り、カリウムは植物の灰から見つかりました。

小学校の理科の授業で、植物を育てるには肥料として窒素、リン酸、カリが必要だと教わったはずです。このカリがカリウムのことです。

肥料として与えられたカリウムは植物の細胞に取り込まれ、成長を支えます。だから、植物の細胞内にはカリウムがいっぱいあるわけです。しかし、カリウムもナトリウムと同じように元々は金属ですので、植物の大部分を占める有機化合物とは違って、燃やしてもなくなりません。だから、植物の灰にはカリウムが濃縮されているわけです。

カリウムが不可欠なのは植物に限ったことではなく、動物でも同じです。人間もカリウムがなければ、たちどころに絶命してしまいます。

それほど大切な元素なので、人体はカリウムを取り込む仕組みを発達させました。第1章で説明しましたが、性質の似ているセシウムがこの仕組みに紛れ込んで、人体に取り込まれてしまうのでしたね。

原発事故以後、放射線に対して誰もが敏感になっていますが、天然のカリウムにも、わずかではありますが放射能を持つカリウム40が含まれています。人の体内にも、体重1キロあたり2グラムあまりのカリウムが含まれていますが、そのうち1万分の1は放射性のカリウムです。このため、たとえば体重が60キロであれば、人体全体で4000ベクレルの放射能を持ちます。

また、ほとんどの食品には多かれ少なかれカリウムが含まれており、やはりその1万分の1がカリウム40なので、食品1キロあたり数十から数百あたりの放射能を持つ計算になります。ただし、この程度では健康に影響があるとは考えられないので、ご心配なく。

一方、豪華な建造物によく利用されている花崗岩《かこうがん》にはカリウムが多く含まれているため、ある程度の放射能を持っています。たとえば、国会議事堂の外壁はすべて花崗岩でできています。このため、外壁のすぐ近くでは０・２９マイクロシーベルトと、ホットスポット並みに高い線量です。

ナトリウムと同じようにカリウムも、純粋に単独で存在している場合は、銀色に輝く金属のかたまりです。しかし、他のアルカリ金属と同様に外側の軌道に１個だけ単独で電子が回っているため、とても不安定です。このため、カリウムも水と激しく反応してプラス１価のイオンになります。もちろん、人体に存在するカリウムは、すべて安定なプラス１価のイオンの状態です。

このように、ナトリウムとカリウムは、電子の軌道の配置がよく似ているため、性質もきわめてよく似ています。これをわかりやすく表しているのが、周期表の上下に位置しているということなのです。

もちろん、異なる元素なので、性質はまったく同じだというわけではありません。似ているけど、ちょっとだけ違う……。このナトリウムとカリウムの絶妙の距離感を巧みに利用したのが、動物の進化だったのです。

幽霊ポーズはなぜ生まれた?

では、動物の機能の根幹ともいえる神経と筋肉が、ナトリウムとカリウムを使ってどのように働くのでしょうか。

神経は、インパルスと呼ばれる電気的な興奮状態をつくり出し、これを伝える働きをしています。一方、筋肉は収縮することで、身体を動かす原動力になります。ただし、電気的な興奮をつくり出したり収縮したりすることだけでは、神経や筋肉の機能は果たせません。

神経は、いったん興奮してもすぐにまた興奮が収まるからこそ、次にまた情報を伝えることができます。ずっと興奮しっぱなしだったら、情報は何も得られず、単なるエネルギーの浪費にしかなりません。

コンピューターが1と0の組み合わせで情報を処理するように、神経も興奮のオン/オフの組み合わせで情報を伝えることができるのです。ここに神経機能の本質があります。

同じことが、筋肉についてもいえます。筋肉も収縮した後に、伸びて元の状態に戻ることができるため役に立つのです。筋肉が収縮しっぱなしになれば、人体はその形に固定され、もう二度と新たに動きを生じることはありません。この状態が痙攣《けいれん》です。もちろん、痙攣は病的な状態で、治療の対象になります。

しかし、誰でも一生に一度、全身の筋肉がことごとく収縮しっぱなしになるときが訪れます。それは、死んだ直後です。

死亡して血液が流れてこなくなると、筋肉は緩んだ状態を維持できなくなり、収縮してしまいます。これが死後硬直と呼ばれる現象の正体です。

死後硬直を起こすと、手首もひじも曲がってカチカチになります。手首にもひじにも、関節を曲げる筋肉とまっすぐに伸ばす筋肉がありますが、両者の強さを比較すると、曲げる筋肉のほうが圧倒的に強い力を持っています。死後、両方の筋肉が同時に死後硬直を起こすと、曲げる筋肉のパワーが上回るので、手首もひじも曲がるわけです。

試しに、両手の手首とひじを曲げてみてください。そのポーズ、何かに似ていませんか。そうです。これは、幽霊のポーズです。昔から人が亡くなると、死後硬直からこうしたポーズになったので、おなじみの幽霊のイメージができあがったというわけです。

少し話がそれましたが、筋肉は収縮したままでは何の役にも立たず、神経も筋肉もオンとオフを切り替えられることが、本質的な機能だということです。これらのオン／オフの切り替えは、電気的にプラスなのかマイナスなのかで決まります。

神経の細胞も筋肉の細胞も、どちらも普段は、細胞の内側が電気的にマイナス、細胞の外側が電気的にプラスになっています。これがオフの状態です。

そこに信号が伝わってくると、一時的に細胞の内側と外側のプラスとマイナスが逆になります。これがオンの状態です。そうすると、筋肉は縮み、神経は刺激を伝えていきます。筋肉と神経では最終的な役割は違いますが、オン／オフを切り替えるプロセスや基本的な仕組みについては、まったく同じです。

では、信号が伝わってくると、筋肉や神経の細胞は、どうやって細胞の内側と外側のプラスとマイナスを逆転させるのでしょうか。この仕組みの主役を演じているのが、ナトリウムとカリウムなのです。

「よく似ているけどちょっとだけ違う」元素同士の相性

人間の細胞は全身で60兆個もあり、そのすべてにカリウムがタップリ含まれています。一方、細胞の外側にはリンパ液や血液があるわけですが、どちらもナトリウムが豊富に含まれています。血液がしょっぱいのはこのためです。

体内にあるカリウムやナトリウムは、もちろん金属の状態ではなく、水に溶けたイオンの状態で存在しています。ナトリウムもカリウムも、外側に1個だけ回っていた電子を放出してイオンになるため、どちらもプラス１価のイオンになるのでしたね。

細胞を包む膜には、ナトリウムだけが通れる専用の穴と、カリウムだけが通れる専用の穴があります。筋肉も神経も、信号が伝わってくると、まずナトリウム専用の穴が開きます。そうすると、ナトリウムが多い細胞の外側から、少ない細胞の中にナトリウムが一斉に入ってきます。

入ってくるナトリウムはプラス１価のイオンなので、電気的にマイナスの状態だった細胞の内側がプラスに変わります。反対に、プラスの状態だった細胞の外側は、プラスが減ったぶんだけマイナスに変わるわけです。こうして細胞の内側と外側でプラスとマイナスが入れ替わります。

これがきっかけになって筋肉は自動的に縮み、神経は刺激を伝えるのです。つまり、筋肉や神経のスイッチがオンになった状態は、ナトリウムイオンが細胞の外側から内側に移動することで生じるわけです。

ただしこのままだと、筋肉は１回縮んでおしまい、神経は１回刺激を伝達しておしまいになってしまいます。もちろん、生きていくためには筋肉も神経も使い捨てというわけにはいきません。

そこで、次に使えるように、細胞の内側と外側の電気的な状態を、すみやかに元のオフの状態に戻さないといけません。ここで力を発揮するのがカリウムです。

ナトリウムが細胞の中に入ってきて細胞の中がプラスになると、今度はカリウム専用の穴が開きます。すると、カリウムが豊富に存在する細胞の内側から、カリウムが乏しい細胞の外側へと、開いた穴を通ってカリウムが移動していきます。カリウムもプラス1価のイオンなので、カリウムが出ていった細胞の中は再びマイナスになり、カリウムがやってきた細胞の外側は再びプラスになるわけです。こうして元のオフの状態にリセットされれば、筋肉も神経も、次の刺激に備えられるわけです。

このように、筋肉も神経もナトリウムとカリウムが対照的に働くことによって機能を発揮できるのです。

ナトリウムとカリウムは、周期表の上下に隣接しているため、原子の性質はよく似ているものの、大きさは少し異なるという関係にあります。生物は進化の歴史の中でナトリウムを通す穴と、カリウムを通す穴の両方を手にすることができました。その理由は、どちらの穴もよく似たタンパク質で設計することができたということです。

この、よく似ているけど、ちょっとだけ大きさが違うというのが、動物にとって実にありがたい関係だったのです。

単細胞生物が選択した元素

生物が筋肉と神経をコントロールする元素として、ナトリウムとカリウムを選んだのは偶然ではありません。

人体の場合、細胞の外側にあるのは、リンパ液や血液です。しかし、単細胞生物の時代までさかのぼれば、細胞の外側にあったのは海でした。海水に含まれるプラスイオンの元素で圧倒的に多いのは、ナトリウムです。ですから、細胞の外側から内側に入ってくる元素は、ナトリウム以外に選択肢はありませんでした。ナトリウム以外の元素を採用したら、細胞の外側にも元素が少ないので、一生懸命に穴を開いてもプラスのイオンがなかなか入ってきません。これでは、反応にものすごく時間がかかり、オン／オフのスイッチとしては、ちっとも役には立ちません。

先ほど説明したように、ナトリウムを含め周期表の最も左の列に位置しているアルカリ金属は、外側に1個だけ孤立した電子を持っています。これを放出してプラス1価のイオンになるため、ものすごく水に溶けやすいのです。そのため、海水に豊富に含まれることになったのです。

たとえばケイ素（Si）は、ナトリウムよりもはるかに多く宇宙に誕生しました。実際、地球上にも、ナトリウムよりケイ素のほうが豊富に存在しています。しかし、海水にはほとんど含まれていません。なぜかというと、ケイ素は水に溶けないからです。地球上のケイ素は、ほとんどが岩石の中に含まれています。

このように、動物の神経と筋肉をコントロールする元素としてナトリウムが選ばれた第一の理由は、周期表の最も左の列にあるグループ1の元素だからです。さらに、グループ1の元素の中では、ナトリウムが宇宙で最もたくさんつくられたので、それを反映して海にも多く含まれることになりました。そこで動物は、スイッチを担う元素としてナトリウムを選択したわけです。

細胞の外側から内側に入ってくる元素がナトリウムと決まったら、今度は内側から外側に出ていく元素を選ばなければなりません。ナトリウムと同じようにコントロールできないと困るので、その候補は周期表でナトリウムのすぐ上にあるリチウムとすぐ下にあるカリウムに絞られます。この2つの候補を比較した場合、海中では圧倒的にカリウムのほうが多いので、生命はこちらを選んだわけです。

もし海に、カリウムがなくてリチウムが豊富にあれば、生物はリチウムを選んだことでしょう。あるいは、カリウムもリチウムもなくて、周期表でナトリウムより２つ下のルビジウムが豊富にあれば、こちらが選ばれていたかもしれません。

高血圧を招く食塩欲求

このようにナトリウムもカリウムも人体にとって不可欠な元素です。どちらが不足しても、健康を維持することはできません。

しかし、「健康のために、食塩を取りすぎてはいけない」というのは、今や常識になっています。食塩は塩化ナトリウムです。つまり、ナトリウムイオンと塩素イオンが結合して結晶になったものが食塩です。このうち、塩素イオンは取りすぎても尿から出ていくだけです。取りすぎが問題になるのはナトリウムのほうです。

その一方で、「カリウムは豊富に取りましょう」と呼びかけられています。この差は、いったいどこから生じているのでしょうか。実は、この原因は、私たちが陸上生活を始めたときにさかのぼります。

私たちの祖先がまだ魚として海中で生活していた時代は、周囲がナトリウムだらけでした。

ところが、陸上に進出した途端に、ナトリウムが乏しい環境に直面することになります。普通に生活していたら、確実にナトリウム不足に陥って死んでしまいます。そこで、ナトリウムが取りたくて仕方がなく感じるように、脳の中に特別な機能を進化させる必要があったのです。

こうして生じるようになった食塩の豊富な食事を取りたくなる衝動は、医学では**「食塩欲求」**と呼ばれています。食塩欲求が脳内でどのように生じるのか、詳しいメカニズムはまだわかっていませんが、視床下部や扁桃体と呼ばれる部分が深く関与しているのは確かです。

一方、カリウムについては、食料としていた植物の細胞に豊富に含まれていたので、それほど不足に困ることがなかったのです。だから陸上に進出しても、ナトリウムのような仕組みは必要ありませんでした。実際、体内でカリウムが不足しても、脳内ではナトリウム不足のような激しい渇望感は生じません。

原始時代は、これでバランスがとれていました。しかし、輸送手段が発達したため、現代では岩塩から取り出した塩化ナトリウムを安く手に入れることができるようになりました。ところが、脳の中は、依然としてナトリウムが乏しい環境に合わせて設計されているままです。だから、欲望のまま飲食をしていると、ナトリウムを取り過ぎてしまうわけです。

ナトリウムを取り過ぎたら高血圧になるというのは常識ですが、どうしてそんなことが起こるのかご存じでしょうか。

神経も筋肉も、穴が開いたときにナトリウムが細胞の内側に入ってくるには、細胞の外にナトリウムが豊富になければいけません。ただし、多すぎても困ります。ナトリウムがあまりに大量に入りすぎると、カリウムの穴を開けて外に出しても、細胞の中を元のマイナスの状態に戻せなくなります。そうならないように、細胞の外側にあるリンパ液や血液のナトリウム濃度を一定の水準に維持する仕組みが発達しているのです。

ナトリウムを取り過ぎた場合、ナトリウムの濃度を一定に保つには、水分の量を増やして薄めるしかありません。その結果、血液が増えて血管を内側から強力に押すので血圧が上がるというわけです。また、リンパ液も増えるので、顔などがむくみます。

食塩を取り過ぎても、水分をたくさんとっておしっこを大量に出せば、ナトリウムは捨てられると思っている人が多いようですが、1日に尿と一緒に捨てられるナトリウムの量は決まっています。それを超えて取ってしまったナトリウムは、体内に蓄積して高血圧を引き起こしてしまいます。

ただし、1日に捨てられるナトリウムの量を増やす方法がひとつだけあります。それは、カリウムを豊富にとることです。

腎臓は血液をこしとって、いったん尿の元になる原尿をつくります。さらにこの中からナトリウムやカリウム、それに糖分など人体に必要な成分を再吸収して血液に戻し、残ったものを尿として捨てています。

この仕組みはとても複雑なのですが、その中に、ナトリウムとカリウムがペアで移動する仕組みがあるのです。このため、カリウムを豊富に取っているときは、カリウムと連動してナトリウムの再吸収が抑制され、結果として尿と一緒に捨てられるナトリウムの量が多くなるのです。

腎臓にこうした仕組みが組み込まれているのは、人体が周期表の中で上下に隣接したナトリウムとカリウムをセットにして管理してきた歴史のなごりだと考えられます。

栄養摂取量は元素同士で調整し合っている

こうした人体の仕組みを反映して、2005年に1日あたりのカリウムの摂取目標が変わりました。それまでは、1日あたり2000ミリグラムのカリウムを取るように推奨されていたのですが、一気に3500ミリグラムまで引き上げられたのです。

といっても、それまで基準が間違っていたわけではありません。純粋にカリウムのことだけを考えれば、1日に2000ミリグラムのカリウムを取れば十分です。現実には、日本人は平均して2400ミリグラムのカリウムを取っています。従来の基準を当てはめれば、カリウムは不足していないので、無理して多く取る必要はないということになります。医者も栄養士も、基本的にはこの基準に沿って指導することになっているのですが、残念ながら、これは現実にそぐわない結論だったのです。

その原因はナトリウムにあります。ナトリウムの1日あたりの摂取量は、男性で3500ミリグラムが上限だと推奨されていますが、現実には平均して4600ミリグラムが摂取されています。一方、女性の場合は、推奨されている上限が3000ミリグラムなのに対し、現実には3900ミリグラムが摂取されています。男女とも大幅にナトリウムの摂取量がオーバーしています。これが、高血圧が国民に蔓延《まんえん》している原因になっているわけです。

まずやるべきことは、ナトリウムの摂取量を減らす努力をすることでしょう。しかし、厚生労働省が呼びかけても、そう簡単には減ってくれません。そこで仕方なく、ナトリウムの取り過ぎを前提に、カリウムの力も借りて体内のナトリウムを捨てようということになり、推奨するカリウムの摂取量を一気に増やしたのです。

ここまで何度も述べてきたように、植物には例外なくカリウムが含まれているため、野菜や果物、それに豆類なら、何を食べてもカリウムを取ることができます。とくにおすすめは、コンブやヒジキなどの海藻類です。海藻類にはカリウムがたっぷり含まれている上に、食物繊維がナトリウムと結合して吸収を防ぐ働きもあるので、ナトリウムを減らす作用が二重に期待できるわけです。

ただし、ひとつだけ注意点があります。実はカリウムの推奨摂取量を増やすことに対して専門の医師の間から反対意見も出ました。

慢性腎不全などで腎臓の機能が低下している人は、カリウムを捨てる能力が低下しているので、多く取り過ぎるとカリウムが体内にたまってしまいます。そうすると、血液やリンパ液のカリウムの濃度が上がり、筋肉や神経にあるカリウムの穴を開けても、細胞の中から外にカリウムが出てこられなくなるのです。これにより、オンの状態からオフの状態に切り替えられなくなるので、筋肉や神経が正常に機能しなくなるというわけです。

とくに怖いのが心臓です。心臓は心筋という筋肉のかたまりです。カリウムが体内にたまり過ぎると、心臓が正しく鼓動を打てなくなり、最悪の場合、死亡してしまうこともあるのです。

腎臓の病気をお持ちの方は、くれぐれもカリウムの取り過ぎに注意してください。

大手ドラッグストアでカリウムのサプリメントは売られていない？

健康のためにカリウムが必要なら、お手軽にサプリメントで取りたいと思った方も多いでしょう。しかし、カリウムだけは、単体のサプリメントとしては国内の大手のドラッグストアなどで販売されていません。なぜだか、わかりますか。

カリウムのサプリメントをつくるのは、実はものすごく簡単です。植物を燃やせば残った灰の中にカリウムがタップリ含まれているので、タダ同然の値段でつくることができます。ただし、そんなものは気軽には売れません。カリウムは健康の維持に不可欠であると同時に、取り過ぎると命にかかわる危険なものだからです。

もちろん、病院にはカリウムの注射液があります。ただし、患者さんに投与するときは量が間違っていないか何度も何度も確認し、ものすごく慎重に注射します。カリウムを取り過ぎると、健康な人であっても心臓が停止し死亡するからです。

実際、1991年には医者が患者さんにカリウムを注射して死亡させる事件も起きています。それが、東海大学病院で起きた安楽死事件です。患者は多発性骨髄腫の末期で昏睡状態に陥っていたのですが、苦しんでいる姿を見たくないという長男の求めに応じ、主治医が大量のカリウムを注射したのです。その結果、患者は心停止を起こし死亡しました。

当時、安楽死の是非をめぐり議論が巻き起こりましたが、結局、主治医は執行猶予付きながら有罪判決を受けました。

ずいぶん怖がらせてしまったかもしれませんが、腎臓の病気でなければ、いくら海藻や野菜を食べすぎても、それによって心臓の機能に障害をもたらすようなカリウムの過剰摂取を招くとは、到底思えません。常識的な範囲であれば、海藻や野菜をタップリ取っても心配はないということです。ぜひ、食生活を見直してみてください。

第5章　レアアースは〝はみ出し組〟ではない！

世界中で需要が高まる強力な磁石

本章では、レアアースと呼ばれる一連の元素群を取り上げます。周期表には、縦方向に見る美しさと横方向に見る美しさがありますが、こちらは後者のパターンです。横方向に見ると均整のとれた周期表の本質が見えてくる元素たちで、レアアースは構成されています。

近年、レアアースは資源としての価値が急激に高まってきました。これに伴い、レアアースを求める争奪戦が主要国を巻き込み、世界中で勃発しています。新聞の一面の見出しにも、レアアースという言葉が躍るようになりました。

レアアースは、ＬＥＤやテレビなどの蛍光体、燃料電池、排気ガスの浄化装置などハイテク製品に使用され始めています。争奪戦が起こる最大の理由は、最新の科学技術で必要とされる強力な磁石をつくるのに不可欠なものだからです。

たとえば、病院で行う画像検査はこれまではＣＴ（コンピューター断層撮影）が主役でしたが、放射線を使わないＭＲＩ（磁気共鳴画像装置）が徐々に増えてきています。ＭＲＩは、磁気と電磁波によって体の断面を画像化する装置です。ＣＴは装置が比較的に安価なのですが、何といっても放射線の被曝が最大の短所です。また、一般的なＣＴは体を輪切りにした横方向の断面しか得られませんが、ＭＲＩなら縦横斜めのいずれの断面も表示できる上に、画像がきめ細かく、小さな腫瘍も見落とさずにすみます。

検査を受けた経験のある方も多いと思いますが、ＭＲＩは大きな輪っか状の検査装置です。あの輪っかの内部の正体は、超高性能の強力な磁石です。この磁石をつくるのに、レアアースが不可欠です。ですから、ＭＲＩの検査で早期のがんが見つかった方は、知らないうちにレアアースの恩恵を受けていたわけです。

またこの他にも、電気自動車やリニアモーターカーなどにも使われており、強力な磁石の需要は今後もうなぎのぼりに高まっていくでしょう。これに伴い、レアアースの争奪戦も今以上に加熱していくとみられているのです。

レアアース、レアメタル、ベースメタル

レアアースの説明に入る前にはっきりさせておきたいのは、レアメタルとの違いです。名称が似ているので、混同している人も少なくないでしょう。でも、両者はしっかりと区別して考える必要があります。

鉄や銅、それにアルミニウムのように、生産量が多く世界中で幅広く使われている金属は、

ベース（基盤）となる金属という意味で**ベースメタル**と呼ばれています。

これに対し、地球の表面にそもそも少量しか存在しない、あるいは簡単に取り出すことができないために希少価値を持つ金属を、総称して**レアメタル**と呼びます。その名の通り、レア（希少）なメタル（金属）という意味です。チタン（Ti）、バナジウム（V）、クロム（Cr）、マンガン（Mn）、コバルト（Co）、ニッケル（Ni）、それに白金（Pt）など、比較的なじみのある金属も、希少であれば幅広くレアメタルに含まれます。

一方レアアースとは、レアメタルのうち、グループ3の第6周期までの元素を指します。言葉で説明すると難しいのですが、周期表を見れば一目瞭然。のちほど詳しく述べますが、ここではレアアースとはレアメタルの一部なのだということを理解しておいてください。

レアアースのアースには、「地球」以外にも「土」という意味があります。レアアースは土にわずかに含まれている元素という意味で、この名がつけられました。希土《きど》類と訳されることもあります。

日本が経済成長期のただ中にあった1968年、日立製作所から「キドカラー」という名前のテレビが発売されました。ブラウン管にレアアース、つまり希土類を使うことによって輝度が上がったことから、半分ダジャレでこの名がついたそうです。輝度とは、ディスプレ

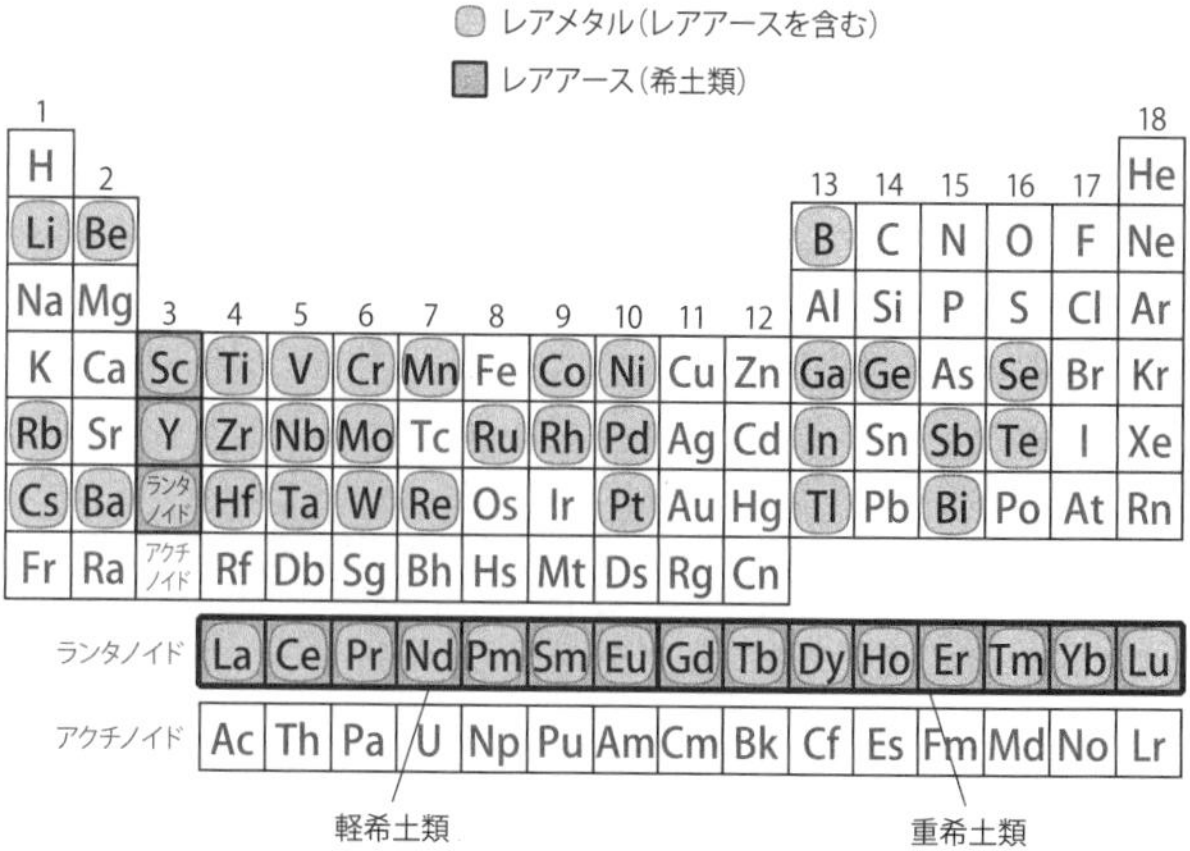

図5-1　レアメタル、レアアース

イなどの画面の明るさの度合いのことです。ただし、こういった商品への使用用途以外には、日常生活でレアアースと触れ合うことはほとんどありませんでした。

ところが、このレアアースが、高性能の磁石に不可欠な材料として、今や世界経済の首根っこを押さえるくらい重要な存在になってきているのです。

レアアースを使った磁石は**「希土類磁石」**と呼ばれ、何といっても高い磁力を保つことができるのが最大の魅力です。ハイブリッド車や電気自動車のモーターは、結局は磁石で駆動するため、磁力が大きくなれば、それだけパワーやスピードがアップするわけです。

おまけに、レアアースは、溶ける温度（融

点）が極めて高い、熱伝導率が高いといった他の元素にはない性質も持っています。これがまた、産業界にとっては大きな魅力なのです。

どんな装置も長時間にわたって駆動させれば、大なり小なり熱を発します。しかし、熱伝導率が高ければ、熱はたまりにくくなります。また、仮に温度が上がっても、溶けなければ壊れにくいはずです。つまり、希土類磁石は熱に強く、長時間続けて使用できるという大きな長所も兼ね備えているわけです。今後も、その用途は広がる一方でしょう。

レアアース17元素

レアアースは全部で17種類の元素から成り立っています。プラセオジム（Pr）、プロメチウム（Pm）、ユウロピウム（Eu）、テルビウム（Tb）、ホルミウム（Ho）……。おそらく、普通の生活をしていれば、耳にすることはほとんどない元素でしょう。

実際レアアースは、ひと昔前までは、供給量が少ないだけでなく、使い道もあまりありませんでした。本音をいうと、「周期表の中のどうでもいい元素」といった程度の認識で何ら差し障りはなかったのです。

その後、科学技術の進歩により、強い磁石の材料になる、光を発する性質を持つなど、ハイテク精密機器に不可欠な性質が見つかりました。

普通なら新たな性質が発見された元素だけがクローズアップされるのが常です。たとえば新聞の見出しには、「ジスプロシウムの争奪戦、加熱へ！」といった具合に、元素名が登場するでしょう。しかし実際には、このように見出しに具体的な元素名が登場するのは、日刊工業新聞や日経産業新聞といったような業界専門紙に限られ、一般紙の場合は「レアアースの争奪戦、加熱へ！」といった具合に、総称して扱われてしまいます。

これは、17種類の元素全般の性質が酷似しているため、レアアースを全体として捉えることが便利だからです。実は、レアアースに対して一気に注目が高まったのも、それぞれの性質が共通しているのが根本的な原因です。

なぜ中国に牛耳られているのか

全世界的に需要が高まる一方、産出地は中国に偏在しているため、レアアースをめぐる情勢は国際的な経済問題に発展しています。

2011年9月、レアアースの不足が日本のアキレス腱になるという現実をまざまざと見せつけられる事件が起こりました。中国と領有権を争う尖閣諸島で、違法操業をしていた中国漁船の船長が逮捕されたのと軌を一にして、中国の関税当局がレアアースの輸出手続きをストップしました。日本政府が逮捕した船長の身柄をいち早く中国に帰した背景にも、レアアースが入ってこなくなったら日本経済が危うくなる現実に、政府が屈してしまった側面があるという見方が有力です。実際、現在の日本がレアアースの大半を中国一国に依存しているのは事実です。

なぜ、レアアースは中国だけに偏在しているのでしょうか。今という時代を積極的に生き抜くためには、その答えを知っておく必要があります。実は中国では、2つの偶然が重なったことから、レアアースを牛耳《ぎゅうじ》ることができたのです。

レアアースの各元素は、それぞれ電子配置がよく似ています。その結果、化学的な性質も酷似しているので、同じ場所から産出される傾向が強いのです。

ただし、レアアースの各元素が全部まとめて採れるというわけではありません。レアアースのうち、ランタンやネオジムなど、原子が比較的軽い「軽希土類」と呼ばれる元素が採掘できる鉱床と、ジスプロシウムやイッテルビウムなど原子が比較的重い「重希土類」と呼ばれる元素が採れる鉱床の2種類があるのです。

レアアースの鉱床自体は、アジア、北欧、アフリカ、南北アメリカ、オーストラリアと、世界各地で見つかっています。しかし、そのほとんどが、軽希土類が採掘される鉱床です。重希土類が採れる鉱床は、現在のところ中国南部でしか開発されていません。当然、重希土類は中国に依存せざるを得ないのです。

重希土類は花崗岩に含まれているのですが、含有量はごく微量です。花崗岩自体は世界中にありますが、これを砕いてレアアースを抽出するには、膨大な費用がかかってしまいます。しかし、中国南部にはたまたま花崗岩が風化してできた粘土層があり、わずかに含まれるレアアースがイオンになって粘土に吸着しています。そこに硫酸アンモニウムなどを流し込むと、レアアースのイオンが溶け出すので、安価に取り出せるという仕組みです。高温多湿でなければ花崗岩が風化することはないのですが、偶然にも中国南部は気候の条件がぴったり合う時期が長く続いていたわけです。

一方、軽希土類の鉱床は、中国だけではなく世界中で見つかっています。よかった、よかった、といいたいところですが、残念ながらこちらも中国の独壇場です。

世界各地にある軽希土類の鉱床の中で、たまたま中国のバイユンオボ鉱床だけが、地表のすぐ近くにあったのです。採掘の費用が劇的に安価ですむため、世界の市場を席巻。他国の鉱床は価格競争に敗れ、開発が遅れてしまったわけです。

ちなみにバイユンオボは漢字では「白雲鄂博」と書きますが、これは中国語ではなくモンゴル語で、「豊かな丘」という意味です。地名がモンゴル語であることからわかるように、バイユンオボ鉱床はモンゴルとの国境線のすぐ近くにあります。もし、中国とモンゴルとの国境線がもう少しだけ南に引かれていたら、レアアースの勢力図はまったく違ったものになっていたでしょう。

レアアースは日本で採れる?

このように完全に中国産に偏っているレアアースですが、朗報もあります。

2011年7月、東京大学を中心とした研究グループが、ハワイ諸島周辺の中央太平洋やタヒチ島周辺の南太平洋に、レアアースを含んだ泥が海底に幅広く分布していることを突き止めました。

さらに今年になって、日本の排他的経済水域である南鳥島の周辺でも、レアアースを含んだ泥が大量に見つかったのです。しかも、資源量は国内消費量の230年分もあると推計されています。ありがたいことに中国南部でしか産出していない重希土類も豊富に含んでいるため、安価に採取できる方法が確立されたら、レアアースをめぐる資源問題は一気に解決するでしょう。

なぜこんなに大量のレアアースが海底に眠っていたかというと、レアアースはごくごく微量ながら海水にも含まれていて、これが酸化鉄などに吸着して沈殿し、海底の泥になったからです。海底といっても、水深が３５００〜６０００メートルという気の遠くなりそうな深海なのですが、幸いなことに泥として沈殿しているので、吸い出すことは不可能ではないと考えられています。

周期表の張り出し組

それでは、レアアースと総称される17種類の元素を、周期表で確認しましょう。

第４周期のスカンジウム（Sc）と第５周期のイットリウム（Y）はいいとして、第６周期の元素は欄外に追いやられていますね。欄外に置かれているのは、レアアースが周期表でうまく表せないためだと思われたかもしれません。実際、私も高校生のころはそう思い込んでいました。

しかし、これはまったくの間違いです。欄外に置かれていることこそが、レアアースの本質を見事に表現しているのです。周期表の限界どころか、むしろ周期表の真骨頂だといってもいいでしょう。

原子番号57番のランタンから原子番号71番のルテチウムまでの15個の元素は、すべてグループ3の第6周期の元素です。つまり、周期表の中で57〜71と書かれた位置に15個の元素がすべて入ります。

周期表では、ひとつの位置にひとつの元素というのが大原則です。ところが、グループ3については、第6周期と第7周期が、同じ位置にそれぞれ15個の元素が入ってしまいます。小さな場所に15個の元素を書き入れるわけにいかないので、便宜上、欄外に書かれているわけです。

一カ所に多くの元素が入るのは変だと思われるかもしれませんが、それによりレアアースの本質を見事に表現できています。このことを理解していただくために、発想を変えたさまざまな形の周期表を見てみましょう。

周期表の形はひとつじゃない？

中学校の数学で習ったように、球の表面積は半径の二乗に比例します。半径が2倍になれば表面積は4倍、半径が3倍になれば表面積は9倍です。原子もこれと同じように、半径が

	1	2	13	14	15	16	17	18
1	1 H							2 He
2	3 Li	4 Be	5 B	6 C	7 N	8 O	9 F	10 Ne
3	11 Na	12 Mg	13 Al	14 Si	15 P	16 S	17 Cl	18 Ar
4	19 K	20 Ca	21 Sc～ 31 Ga	32 Ge	33 As	34 Se	35 Br	36 Kr
5	37 Rb	38 Sr	39 Y～ 49 In	50 Sn	51 Sb	52 Te	53 I	54 Xe
6	55 Cs	56 Ba	57 La～ 81 Tl	82 Pb	83 Bi	84 Po	85 At	86 Rn
7	87 Fr	88 Ra	89 Ac～ 112 Cn					

この中に、遷移元素（グループ3～12）がすっぽり入る!!

図5-2　シンプルな周期表

大きくなると表面積は急激に増加します。

そうすると、周囲を回る電子の軌道にも、さまざまな種類が現れてきます。バリエーションが増えれば、外側の軌道より内側のほうでエネルギーが低いという変わり者が登場してきても、不思議ではありません。だから、周期が大きくなると、結果的に外側の軌道から先に埋まるという現象が起きてくるというわけです。これが遷移元素です。

元素の性質を決める最も重要な要因は、外側の軌道の電子配置です。そこで、周期表で外側の軌道が同じ元素を一カ所にまとめて表示すると、図5-2のようになります。

通常の周期表では、ランタノイドとアクチノイドだけが同じ場所に描かれていますが、こち

	1		2		3		4		5		6		7		8	9		
1	H														He			
2	Li		Be			B		C		N		O		F	Ne			
3	Na		Mg			Al		Si		P		S		Cl	Ar			
4	K	Cu	Ca	Zn	Sc	Ga	Ti	Ge	V	As	Cr	Se	Mn	Br	Kr	Fe	Co	Ni
5	Rb	Ag	Sr	Cd	Y	In	Zr	Sn	Nb	Sb	Mo	Te	Tc	I	Xe	Ru	Rh	Pd
6	Cs	Au	Ba	Hg	ランタノイド	Tl	Hf	Pb	Ta	Bi	W	Po	Re	At	Rn	Os	Ir	Pt
7	Fr	Rg	Ra	Cn	アクチノイド		Rf		Db		Sg		Bh			Hs	Mt	Ds

図5-3　短周期の周期表

らは、遷移元素の全体が同じ場所に表されます。いわば、ランタノイド・アクチノイドの拡大版といえるでしょう。

実際、歴史的には図5－3のような周期表が長く用いられてきました。これは、「短周期の周期表」といいます。当時はまだ電子の軌道が正確にはわかっていなかったので、先ほど示したシンプルな周期表とはかなり異なりますが、遷移元素の一部を同じグループにまとめたという方向性は共通しています。

最も外側の軌道を埋める電子の数が同じで、外側から2番目の軌道を埋める電子の数だけが異なる元素が現れてくるのが遷移元素なのですが、さらに第6周期に至ると、最も外側の軌道だけでなく、外側から2番目の軌道まで電子の

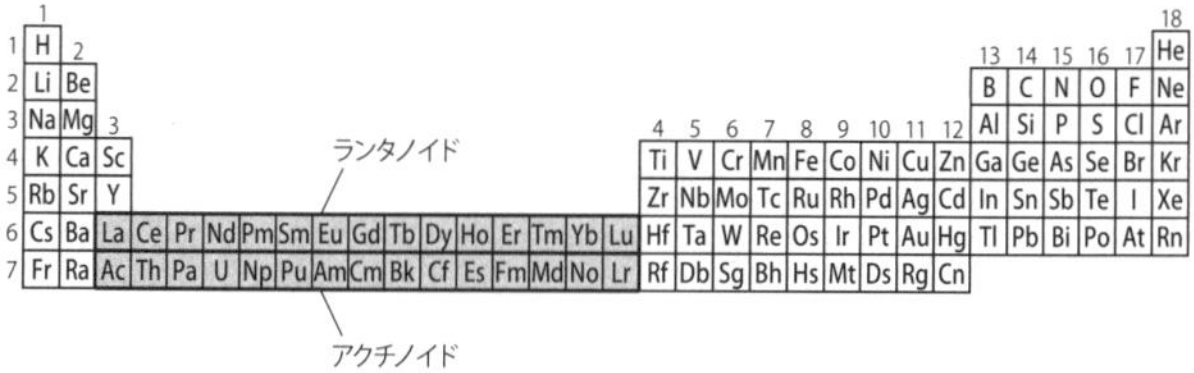

図5-4　両サイドに広がった周期表

数が同じという現象が現れます。これが、レアアースなのです。

レアアースを一カ所に集めず、遷移元素と同じように一つひとつの元素を個別に表記すると、図５-４のような両サイドに広がった周期表になります。

ご覧の通り、横幅をとりすぎてしまって何とも使い勝手が悪いですね。こういった便宜上の理由で、レアアースを一カ所にまとめたため、私たちになじみのある現在の周期表の形に収れんしていったわけです。

ただし、両サイドに広がった周期表よりも、もっと根本的だとされる周期表も提案されています。

私たちは、なんとなくグループ１の元素が最も左にあり、グループ18の元素が最も右にあるというのが周期表にとって当たり前だと思い込んでいます。少し発想を転換させ、グループ18とグループ１をくっつけてみましょう（図５-５）。

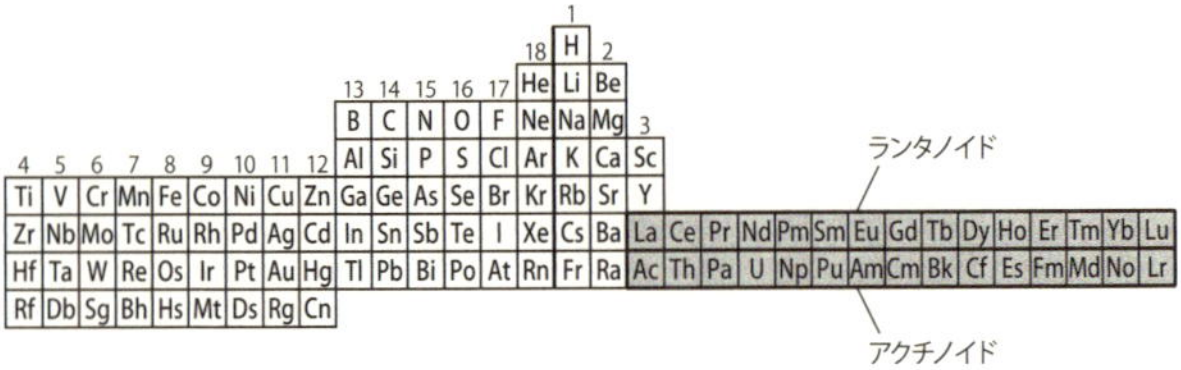

図5-5　国会議事堂形の周期表

原子番号2のヘリウムの次は原子番号3のリチウム、原子番号10のネオンの次は原子番号11のナトリウムですから、本来は左右を断ち切るべきものではありません。グループ18とグループ1を引き裂かず、グループ3とグループ4の間で切ると、図5‐5のように国会議事堂のように末広がりの周期表を描くこともできます。これなら、周期が増えるに従って構成する元素の数が増える様子が、視覚的に伝わってきます。原子という球体の表面積が増えていくことが体感できますね。

でも、本当はグループ3とグループ4の間も元素は切れているわけではありません。正確には、元素は原子番号の順にどこまでもつながっているのです。ただし、このことを忠実に再現しようと思ったら、平面に描くのは不可能です。これは、いくら工夫しても、厳密な世界地図を平面で描くことができないのと同じです。方向も縮尺も正しく表すためには、地球儀が不可欠です。

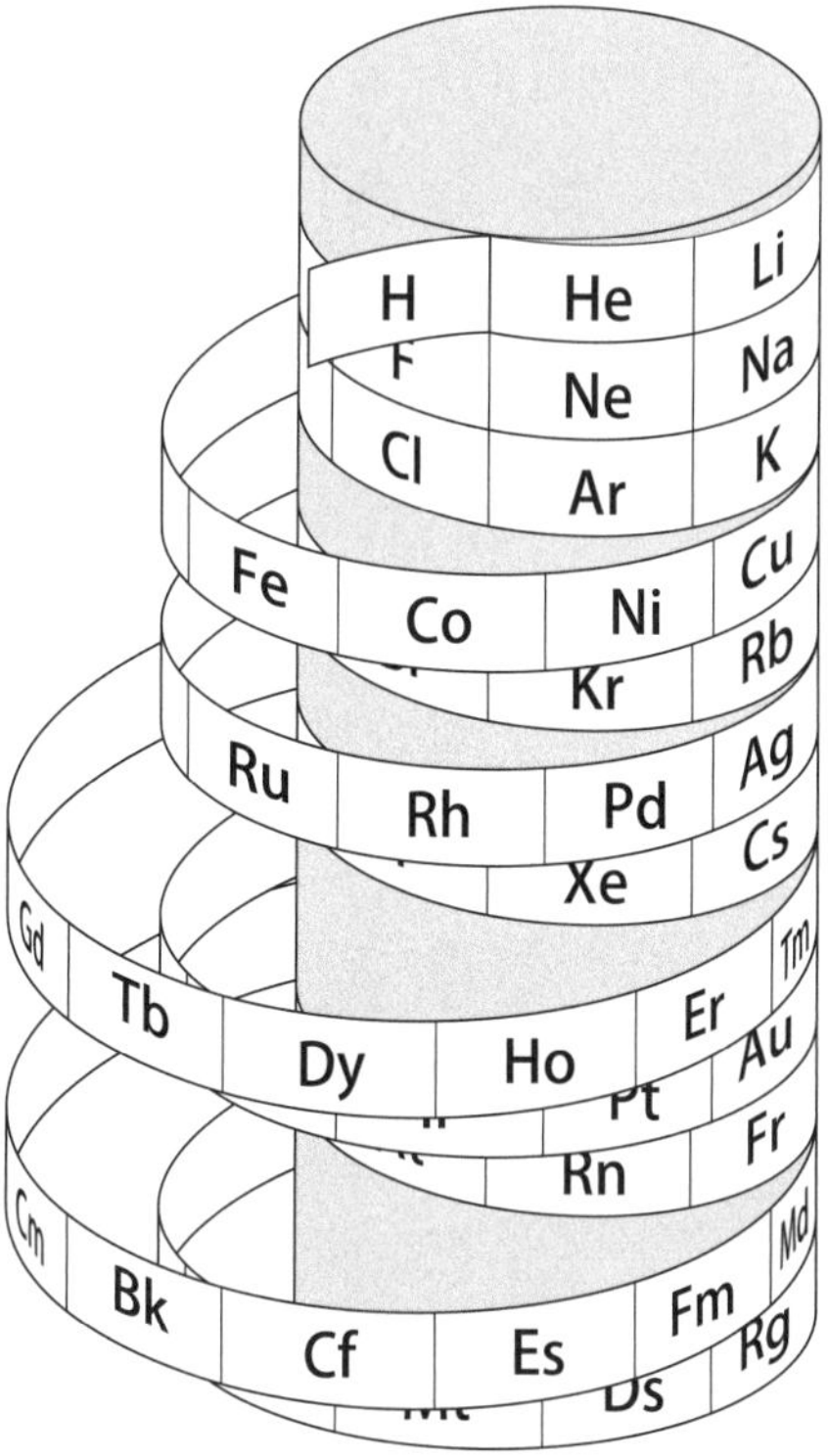

図5-6　リング状の周期表（エレメンタッチ）

そこで、周期表についても、平面ではなく立体で描く試みも行われています。そのうち、最もよく知られているのが、京都大学の前野悦輝教授により考案された「エレメンタッチ」と名づけられた新しい周期表です。これを、周期表の地球儀と呼ぶ人もいます。

レアアースで強力な磁石がつくれる原理

周期表の本質を理解していただいたところで、レアアースの話に戻りましょう。

最も外側の軌道だけが同じだという普通の遷移元素よりも、外側から2番目まで同じだというレアアースのほうがよりいっそう似通った性質だというのは、考えれば当然のことですね。ですから、レアアースは横につながりがある遷移元素の中の遷移元素、といってもいいでしょう。

レアアースによって強力な磁石がつくれる理由も、電子の軌道で説明することができます。

鉄の原子にはN極とS極があり、これが同じ向きにそろうと磁石になります。ところが、せっかくN極とS極をそろえて強力な磁石をつくっても、実際にはその向きをひっくり返らせて逆になる鉄原子がどんどん現れます。そうすると、磁力を打ち消してしまうのです。しかし、鉄にネオジムやジスプロシウムなどのレアアースを加えると、これを防いでくれるので、強力な磁石ができるのです。

　レアアースは外側から2番目の軌道に空席があるため、原子がつぶれたような形状になっています。これが間にはさまることで、鉄の原子がひっくり返るのを妨げるわけです。こうした性質はレアアースの多くに見つかっていますが、ネオジムとジスプロシウムがとりわけ強力な効果を持っています。

　合計14個の電子が入る外から2番目の軌道の中に、ネオジムの場合は4つだけ電子が入っており、ジスプロシウムの場合は、10個の電子が入って4つ空席が残っています。4つ入る場合と4つだけ空席の場合が、とりわけ原子が大きくつぶれるので、磁力を維持する効果が大きいと考えられているのです。


【発展コラム】第6周期と第7周期の隠れた特徴

ランタノイドの15個にも及ぶ元素が周期表の同じ場所に位置するのは、いずれの元素も、最も外側にある軌道の電子の数だけでなく、外側から2番目にある軌道の電子の数も、大半が同じだからです。外側から3番目にある軌道の電子の数だけが異なることによって、15個の元素は周期表の横方向に性質が酷似しているわけです。

なぜこのようなちょっと不思議なことが起こるのかは、第1章で説明した量子数の法則を思い出すと、エレガントに理解できます。

電子の軌道は、「主量子数n」「方位量子数ℓ」「磁気量子数m」の3つの数で決まり、さらにそれぞれの量子数は、以下の4つの原則に従うのでしたね。

原則1　主量子数n＝1、2、3……
原則2　方位量子数ℓ＝0〜n－1
原則3　磁気量子数m＝－ℓ〜＋ℓ
原則4　1つの軌道に入る電子は2つまで

電子の軌道には、主量子数と方位量子数によって名前がつけられています。

まず、主量子数nについては、そのまま数字で表します。

一方、方位量子数については、方位量子数ℓ＝0の場合はs軌道、方位量子数ℓ＝1の場合はp軌道、方位量子数ℓ＝2の場合はd軌道、方位量子数ℓ＝3の場合はf軌道と表します。

たとえば、主量子数ｎ＝１、方位量子数ℓ＝０の場合は、１ｓ軌道です。また、主量子数ｎ＝２、方位量子数ℓ＝１の場合は、２ｐ軌道と表現します。

注目していただきたいのは、主量子数の順番通りに電子が入っていくとは限らず、方位量子数によっては、軌道のエネルギーが逆転する場合もあることです。たとえば、３ｄ軌道よりも４ｓ軌道のほうが先に電子が入ります。これは、３ｄ軌道より４ｓ軌道のほうがエネルギーが低いためです。

これによって生じるのが、遷移元素です。

遷移元素は、先に最も外側の４ｓ軌道が埋まり、そのあとから内側の３ｄ軌道が一つひとつ埋まっていきます。周期表で隣同士である元素を比較した場合、元素の性質を最も決定づけている外側の軌道はおおむね同じであるため、似たような金属の性質になるわけです。

こうした現象がさらに徹底した形で特徴的に現れるのが、レアアースです。レアアースの大半は、周期表の中で第6周期の左から3列目に入る15個の元素です。ここは、周期表上ではランタノイドと書かれています。ランタノイドとは、直訳すると、「ランタンもどき」という意味です。この15個の元素のうち、原子番号がトップである57番が、正真正銘のランタンです。しかし、残りの14個の元素もランタンと性質が似ているので、ランタノイドという総称で呼ばれているのです。

なぜ、残り14個の元素の性質がランタンに似ているのか。その秘密は、電子配置を確認すれば、一目瞭然です。

154ページ図5-7のように、ランタノイドは4f軌道に電子がひとつずつ入っていくのですが、その外側には、5dは一部で例外があるものの、5sと5pはすべて電子が満席になっています。さらに、そのまた外側には6s軌道もあり、ここにも定員いっぱいの2個の電子が入っています。

これは、シュレディンガー方程式のマジックによって、最も外側の6s軌道、および、外側から2番目の5s軌道と5p軌道よりも、外側から3番目の4f軌道のほうがエネルギーが高いという逆転現象が起こるからです。

これにより、ランタノイドに属する元素は、最も外側や、外側から2番目の軌道が先に埋まり、外側から3番目の軌道を埋める電子の数だけが異なっています。隣り合う軌道の性質が、遷移元素の場合よりさらに酷似するというのは、どなたにも想像がつくと思います。

第6周期のランタノイドで起きたこととまったく同じ現象が、第7周期でも起きます。図のように、アクチノイドは5f軌道に電子がひとつずつ入っていくのですが、その外側には、6dは一部で例外があるものの、6sと6pは、電子がすべて満席になっています。さらに、そのまた外側には7s軌道もあり、ここにも定員いっぱいの2個の電子が入っています。だから、原子番号103までの14の元素が、原子番号89のアクチニウムと酷似した性質を示すため、総称してアクチノイドと呼ぶわけです。

第1章で指摘したように、第6周期と第7周期が完全にパラレルになっているのは、何とも美しいですね。こうした電子の軌道が生みだす均整のとれた秩序を一枚の図で表現することに成功していることが、周期表の隠れた特徴なのです。

ランタノイドの電子配置

	電子の数														
軌道	La	Ce	Pr	Nd	Pm	Sm	Eu	Gd	Tb	Dy	Ho	Er	Tm	Yb	Lu
1s	2	2	2	2	2	2	2	2	2	2	2	2	2	2	2
2s	2	2	2	2	2	2	2	2	2	2	2	2	2	2	2
2p	6	6	6	6	6	6	6	6	6	6	6	6	6	6	6
3s	2	2	2	2	2	2	2	2	2	2	2	2	2	2	2
3p	6	6	6	6	6	6	6	6	6	6	6	6	6	6	6
3d	10	10	10	10	10	10	10	10	10	10	10	10	10	10	10
4s	2	2	2	2	2	2	2	2	2	2	2	2	2	2	2
4p	6	6	6	6	6	6	6	6	6	6	6	6	6	6	6
4d	10	10	10	10	10	10	10	10	10	10	10	10	10	10	10
4f	0	1	3	4	5	6	7	7	9	10	11	12	13	14	14
5s	2	2	2	2	2	2	2	2	2	2	2	2	2	2	2
5p	6	6	6	6	6	6	6	6	6	6	6	6	6	6	6
5d	1	1	0	0	0	0	0	1	0	0	0	0	0	0	1
5f	0	0	0	0	0	0	0	0	0	0	0	0	0	0	0
6s	2	2	2	2	2	2	2	2	2	2	2	2	2	2	2

軌道に入る電子数が横方向にすべて同じ

この軌道の電子数だけが変化する

アクチノイドの電子配置

	電子の数														
軌道	Ac	Th	Pa	U	Np	Pu	Am	Cm	Bk	Cf	Es	Fm	Md	No	Lr
1s	2	2	2	2	2	2	2	2	2	2	2	2	2	2	2
2s	2	2	2	2	2	2	2	2	2	2	2	2	2	2	2
2p	6	6	6	6	6	6	6	6	6	6	6	6	6	6	6
3s	2	2	2	2	2	2	2	2	2	2	2	2	2	2	2
3p	6	6	6	6	6	6	6	6	6	6	6	6	6	6	6
3d	10	10	10	10	10	10	10	10	10	10	10	10	10	10	10
4s	2	2	2	2	2	2	2	2	2	2	2	2	2	2	2
4p	6	6	6	6	6	6	6	6	6	6	6	6	6	6	6
4d	10	10	10	10	10	10	10	10	10	10	10	10	10	10	10
4f	14	14	14	14	14	14	14	14	14	14	14	14	14	14	14
5s	2	2	2	2	2	2	2	2	2	2	2	2	2	2	2
5p	6	6	6	6	6	6	6	6	6	6	6	6	6	6	6
5d	10	10	10	10	10	10	10	10	10	10	10	10	10	10	10
5f	0	0	2	3	4	6	7	7	9	10	11	12	13	14	14
6s	2	2	2	2	2	2	2	2	2	2	2	2	2	2	2
6p	6	6	6	6	6	6	6	6	6	6	6	6	6	6	6
6d	1	2	1	1	1	0	0	1	0	0	0	0	0	0	0
6f	0	0	0	0	0	0	0	0	0	0	0	0	0	0	0
7s	2	2	2	2	2	2	2	2	2	2	2	2	2	2	2

軌道に入る電子数が横方向にすべて同じ

この軌道の電子数だけが変化する

図5-7　ランタノイド、アクチノイドの電子配置

第6章　美しき希ガスと気体の世界

希ガスは満月と同じ美しい軌道をもつ

周期表の中で縦方向の美しさを代表するのが、グループ18の希ガスです。

「この世をば　我が世とぞ思う　望月《もちづき》の　欠けたることも　なしと思えば」

ご存じ、藤原道長が詠んだ歌ですが、希ガスの美しさを和歌で表現すると、この歌が最もふさわしいでしょう。彼は天皇の外戚となり、太政大臣としてこれ以上ない権力を手に入れました。その権勢の完璧さを、満月にたとえて歌に詠んだわけです。希ガスに属する各元素の電子配置も、藤原道長が愛《め》でた完璧な満月にとてもよく似ているのです。

希ガスと呼ばれる主に6つの元素は、周期表では最も右側のグループ18に属します。いずれの元素も、最も外側の軌道は電子がすべて満席の状態になっており、これを反映して、それぞれの元素の性質も驚くほどよく似ています。つまり、縦に並んだ元素の性質が似るという周期表の特徴が、希ガスでは最も典型的に現れているわけです。

図6－1のように、各元素は軌道に電子の空きがなく、ちょうど電子の定員が満席になっています。すべての原子は、もともとは電子の軌道が四方八方に対称の位置関係になっているため、電子の定員が過不足なくいっぱいになっていれば、基本的には原子は球の形になります。つまり、元素の外見も満月そのもので、美しいといえるのです。

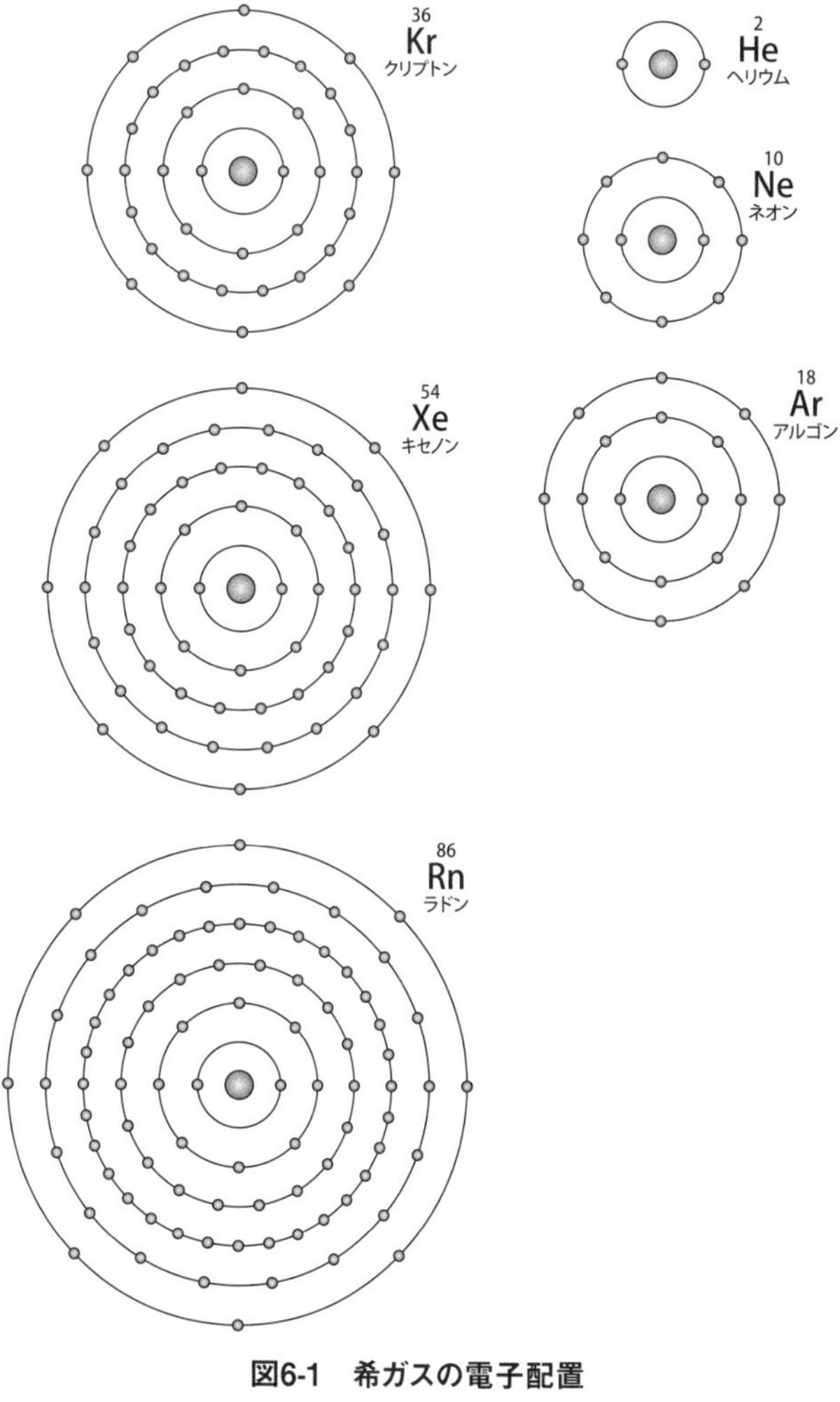

図6-1　希ガスの電子配置

希ガスと呼ばれることからわかるように、普通の温度ではグループ18の元素はすべてガス、つまり気体として存在しています。

気体というと、酸素や窒素が身近な存在でしょう。ですが、これらは原子2個が結びついて、O_2やN_2といった分子の状態で存在しています。

これに対し希ガスは、原子1個が単独で気体になっています。なぜかというと、電子の軌道が定員いっぱいになっていて、空席になっている軌道がないからです。だから希ガスは、他の原子と反応しないだけでなく、希ガス同士も反応しないわけです。

最近、異なる企業同士の合併や提携が増えていますが、それは、互いに何か足りないものがあるからでしょう。ひとつの企業で何もかも満たされていたら、合併も提携も必要がないはずです。希ガスの原子が他の原子と反応しないのも、これと似たようなものだと考えると、理解しやすいでしょう。

では、グループ18に含まれるそれぞれの元素をご紹介しましょう。

絶対爆発しない優良気体　ヘリウム

ヘリウム（He）は水素に次いで2番目に軽い気体で、気球や飛行船を宙に浮かせるために利用されています。空気は窒素と酸素がだいたい4対1で混合した気体ですが、ヘリウムはその窒素や酸素よりはるかに軽いので、空気中で浮かびます。

ヘリウムは空気中にも含まれているのですが、その割合はわずか0・0005％。あまりにも薄すぎるので、簡単には空気から取り出すことができません。

では、風船や飛行船を浮かべるのに使っているヘリウムは、どうやって手に入れているのでしょうか。

実は、現在利用されているヘリウムのほとんどは、天然ガスから取り出されたものです。北アメリカ産とカタール産、それにアルジェリア産の天然ガスには、数％のヘリウムが含まれており、メタンなどを抽出したあとの気体から取り出されています。

当然、化学反応で簡単に生み出せる水素よりはコストも高く、ヘリウムの値段は水素の4倍以上です。だったら飛行船も気球も、安上がりな水素ですませたいところですね。

実際に、昔は水素が使われていました。ところが、水素は空気中の酸素と反応して爆発を起こします。これが、福島原発でも起きた水素爆発です。1937年には、ヒンデンブルク号というドイツの大型飛行船がアメリカのニュージャージー州で水素爆発を起こし、大勢の乗員乗客が死亡するという痛ましい事故が起きました。これ以来、水素が使われる機会が一気に減ったのです。

この点では、希ガスであるヘリウムの安全性は百点満点。何といっても化合物をつくらないので、そもそも爆発を起こせるはずはありません。だから、飛行船や気球には、値段が高くてもヘリウムを利用せざるをえないわけです。

研究者たちが恋焦がれた待望の元素　ネオン

ネオン（Ne）というと、誰でも真っ先に思いつくのは、レストランの店頭や看板で煌々《こうこう》と輝くネオンサインでしょう。ネオンサインは、ネオンが封入されたガラス管の両端に電圧をかけて放電させると発光するという性質を利用したものです。

このときネオンが発光するのも、電子の軌道が関係しています。ここまで何度も説明してきたように、希ガスはすべて、外側の軌道が定員ちょうどで電子が満席の状態になっています。もちろん、ネオンも例外ではありません。

ところが、電圧をかけて放電させると、その高いエネルギーがネオンの原子に与えられ、安定な軌道を回っていた電子がさらに外側の軌道に押し出されます。しかし、これは不安定な状態なので、すぐに元の安定な軌道に戻ろうとします。このとき、あまったエネルギーが光として放出されるのです。これがネオンサインの原理です。

ネオンは、新しいという意味のギリシア語の「ＮＥＯＳ」が語源です。英語でも日本語でも、ネオリベラリズム（新自由主義）やネオロマンチシズム（新ロマン主義）など、ネオはよく使う表現ですね。

しかし、酸素や炭素は昔から知られていましたが、他のほとんどの元素は、歴史上のある時点で発見されたものです。つまり、どの元素も見つかったときには、いつも「ネオ」だったわけです。そんな中で、どうしてネオンだけこの名がついたのでしょうか。

メンデレーエフが周期表を発見した１８６９年には、まだネオンも含め、希ガスの元素はいずれも発見されていませんでした。その後、イギリスの化学者、ウィリアム・ラムゼーが希ガスのうちヘリウムとアルゴンを発見し、周期表に希ガスの列が加わりました。

しかし、ヘリウムとアルゴンに挟まれた2行目がポッカリと空席になっていたので、ラムゼーは、「ここに当てはまる新しい元素が必ずあるはずだ」と確信を持って探し続けました。その結果、やっとのことで、該当する元素が見つかったのです。だから、感激を込めてネオンという名前をつけたのです。

花粉症患者の救世主　アルゴン

アルゴン（Ar）はあまりなじみのない元素かもしれませんが、窒素と酸素についで大気中に3番目に多い元素です。最近、大気中の二酸化炭素が増えてきたことが地球温暖化の原因として社会問題になっていますが、アルゴンはその二酸化炭素の20倍以上も大気に含まれています。もちろん、ヘリウムやネオンよりはるかに多い量です。

普段は意識していませんが、私たちの生活の中で、アルゴンはとても身近なものです。家庭用の照明にも、最近はＬＥＤ電球が増えてきましたが、まだまだ蛍光灯と白熱電球が多く使われているでしょう。蛍光灯の中に封入されている気体は、大半がアルゴンガスです。また、白熱電球の多くも、中にアルゴンガスが封入されています。

アルゴンが蛍光灯に使われているのは、放電を起こしやすくするためです。一方、白熱電球に使われているのは、高温になって発光するフィラメントを長持ちさせるためです。それぞれアルゴンの役割は違うのですが、いずれもグループ18に属するアルゴンが、放電させようが高熱になろうが一向に化学反応をしない性質が利用されている点では共通しています。

アルゴンは空気中に比較的多く含まれているため、簡単に取り出せます。そのためコストが安上がりだというのも、広く利用されている理由です。もし、ヘリウムのように天然ガスから取り出す方法しかなかったら、これほど気軽に使えるものにはなっていなかったでしょう。

アルゴンは、私たち医者にとっては、花粉症の治療に使われる元素としてなじみのあるものです。花粉症になると、鼻の粘膜でアレルギー反応が起こるため、鼻水が出たり鼻づまりを起こします。しかし、粘膜を焼き切れば、たとえアレルギー体質が変わらなくても、鼻水も鼻づまりも起こりません。

以前は鼻の粘膜を焼き切るのにレーザー光線を使うしかなかったのですが、レーザー光は水に吸収されるため、なかなかうまく焼けませんでした。これに比べ、アルゴンをプラズマという特殊な状態にして、鼻の粘膜に吹きつけると、短時間に治療が終わります。こうした使い方ができるのも、やはりアルゴンがグループ18の元素で、ほとんど化学反応を起こさない性質だからです。

プラズマとは、気体を構成する分子や原子が陽イオンと電子に分離したもので、液体でも気体でも固体でもない状態です。実は、エネルギーさえ与えればどんな元素だってプラズマになりますが、粘膜の様々な成分と化学反応を起こすと、中には人体に有毒な化合物もできてしまいます。ところが、グループ18の元素ならそんな心配がないので、プラズマ状態でも患部に当てることができるのです。アルゴンは、その中で最も安上がりなので、花粉症の治療にも使われているわけです。

小惑星探査機はやぶさの陰の立役者　キセノン

先ほど、ウィリアム・ラムゼーがネオンを発見したと紹介しましたが、このとき一緒に見つかったのがクリプトン（Kr）とキセノン（Xe）です。

クリプトンは「隠れたもの」という意味のギリシア語「Kryptos（クリプトス）」から、キセノンは「見慣れないもの」という意味のギリシア語「Xenos（クセノス）」から名づけられました。見つけ出すのに苦労した大変さが、ネーミングにも反映されているようです。

クリプトンは、アルゴンと同じように白熱電球に利用されています。熱を伝えにくいので、クリプトンを使うとアルゴンよりフィラメントが長持ちするのです。ただし、アルゴンよりはるかに少ない量しか大気中に含まれていないだけに値段も高く、高級なシャンデリアなど用途は特殊なものに限られています。

キセノンはさらに量が少ないので、値段もより高く、特殊な用途にしか利用されません。

小惑星探査機はやぶさが、故障というアクシデントを乗り越えて地球に小惑星イトカワのサンプルを持ち帰ってきたニュースは、記憶に新しいと思います。このとき、はやぶさを地球まで届けてくれたエンジンの推進剤に使われていたのが、キセノンでした。

真空の宇宙空間で移動するためには、重いものを高速で後ろ側に放り出し、その反作用で前に進むしかありません。高速で放り出すには気体でないと困るのですが、重い元素となると、普通は固体です。

常温だと4周期目以降で気体として存在するのはグループ18だけです。これは、先ほど説明した通り、電子の軌道がちょうど定員いっぱいになっているので、他の元素と結合しにくいからです。

こうした特殊な性質を持つグループ18の中で、特に重いキセノンが、探査機のエンジンにはおあつらえ向きだったわけです。ちなみに、次に説明するラドンはもっと重い気体ですが、放射性物質なので、さすがにエンジンには用いられません。

ラドン温泉は健康によい？

希ガスの中で最も重い元素がラドン（Rn）です。ラドンというとまっさきに思い出すのは、ラドン温泉でしょう。秋田県の玉川温泉や鳥取県の三朝《みささ》温泉、それに武田信玄の隠し湯として知られる山梨県の増富温泉はたいへん人気です。ただし、ラドンが含まれる湯につかることが健康によいのか悪いのかについては、まだ、科学的な結論が出ていません。

ラドンは常温で気体となる最も重い元素で、通常は鉱物に含まれています。といっても、ラドンが固体になっているわけでも、他の元素と化学反応を起こして化合物になっているわけでもありません。

鉱物の中に少量のラジウムが含まれていて、これが崩壊してラドンが発生します。だから、ラドンが岩の中にポツポツと封入されたような状態になっているわけです。これがお湯に溶けて湧き出しているのが、ラドン温泉なのです。

ラジウムはグループ2のアルカリ土類金属に属する元素で、カルシウムやマグネシウムの仲間です。ただしラジウムは放射性物質で、アルファ線を出して崩壊し、ラドンが生まれるわけです。

ラジウムが出てきた時点で、なんだか物騒な話になってきたなと思われたかもしれませんね。追い打ちをかけるようにいわせていただくと、ラドン自体も放射性物質です。つまり、ラドン温泉というのはまさに「放射能風呂」なのです。

これだけ聞くと、誰もラドン温泉に入りたくないと思うでしょうが、ラドン温泉につかることによって関節リウマチや神経痛が改善するという研究報告があるのも事実です。昔から、線量が少なく一時的であれば多少の放射線はむしろ健康に望ましいという学説があり、これは「放射線ホルミシス効果」と呼ばれています。この効果を裏づける実験結果も論文として発表されています。

その一方で、「放射線なんて、少なければ少ないほどいいのだ」という学説を主張する研究者も大勢います。どちらが正しいのか学会で論争が巻き起こっていますが、そもそも低線量の放射線が生体へもたらす効果を科学的に検証することは極めて難しいことで、当分、結論は出ないでしょう。

ただし、玉川温泉にしても三朝温泉にしても、ごくわずかの線量です。この程度なら放射線で健康を害することもなければ、放射線によって健康が増進されることもないだろうと推測する専門家が多いようです。

以上のヘリウム、ネオン、アルゴン、クリプトン、キセノン、ラドンの6つの元素が、希ガスに属する元素です。いずれも、他の元素とほとんど化学反応を起こさない性質が決定的なのですが、これは藤原道長が歌に詠んだ満月のように、軌道がすべて埋まっているために起こる現象だということを覚えておいてください。

声の高さは気体の重さで決まる

希ガスは、潜水用のボンベや吸入麻酔薬など、人間が吸うための気体として利用されています。なぜそのような用途に使われるのか、その本質も周期表を通して効率よく理解することができます。

ヘリウムガスはパーティーグッズとして販売されており、吸い込んで声を出すと甲高《かんだか》い変な声が出るのはよく知られていますね。私もパーティーで試してみたことがありますが、ヘリウムガスを吸った途端に甲高い声が響きわたり、会場は盛り上がりました。

ヘリウムを吸うと声が高くなるのは、ヘリウムが軽い気体だからです。

声の高さは、気体が振動する周波数で決まります。速く振動するほど、つまり振動の周波数が高いほど、音は高くなるのです。同じ調子で声帯から気体を吐き出しても、吐き出す気体が軽ければそれだけ声帯は速く振動できるので、結果として声が高くなるわけです。

ですから逆に、空気より重い気体を吸えば、同じ理屈で声は低くなります。実際、空気より重いクリプトンやキセノンを吸えば、声は低くなります。

このように純粋に、声の高さは気体の重さに左右されます。これは、希ガスに限った現象ではありません。どんな種類の気体でも、軽ければ高い声になり、重ければ低い声になります。パーティーで変な声を出すのにヘリウムガスが使われているのは、単に安全性の問題だけです。

私がヘリウムガスで甲高い声を披露した後、パーティーに参加していた多くの方から質問を受けたのは、「ヘリウムを吸っても人体に害はないのか」ということでした。

もし、１００％の純粋なヘリウムなら、一息吸っただけで、瞬時に死亡してしまいます。ただし、それはヘリウムに毒性があるからではなく、酸素が含まれていないため酸欠で死亡するのです。ヘリウムでなくても、酸素が含まれない気体を吸ったら、どんな成分であっても死んでしまうのです。

もちろん、パーティーグッズのヘリウムには、そうならないように酸素が混ぜられています。逆にいえば、酸素さえ加えられていたら、ヘリウムガスにはまったく害はないのです。

その理由は、ここまでの説明で、もうおわかりだと思います。希ガスは電子の軌道が定員いっぱいになっているので、どんな元素とも反応を起こしません。ヘリウムを吸っても、肺に入って何もせず、吐く息と一緒に出てくるだけです。

私が知るかぎり、空気以外に安全に吸える気体は希ガスだけです。それ以外の気体は何らかの反応をしてしまうので、気軽に吸うことはできないのです。

たとえば、アンモニアは空気より軽いので、もし吸い込むことができたとしたら物理的には高い声が出るはずです。もっとも、アンモニアは強いアルカリ性なので、喉も気管支もただれてしまって、吸ったが最後、とてもじゃないが声は出せないでしょう。

水素やメタンも空気よりは軽く、これらは吸い込むことはできます。ただし、引火すると爆発する危険があるので、やっぱりパーティーでは使えません。

職業ダイバーを支えるヘリオックス

実は、ヘリウムが持つ性質が、病気の予防のために実用化されている分野があります。それは、潜水です。

ダイバーがとりわけ深い海に潜る場合は、通常の空気を吸うと窒素酔いや減圧症といった症状が現れる危険があるため、これを防ぐためにヘリオックスと呼ばれるヘリウムと酸素の混合ガスが用いられています。

私はダイビングが趣味で、職業潜水士の資格も持っています。学生時代はオーストラリア沖のグレートバリアリーフやホンジュラス、コスタリカといったカリブ海など世界中の海を潜ったものです。

ただし、潜ったのは最高で水深40メートルまで。それ以上に深く潜ったことは一度もありません。なぜなら、通常の空気で安全に潜れる限界が50メートルで、レジャーの場合は10メートルの余裕をみて水深40メートルまでにとどめるよう、所属しているダイバー団体のガイドラインに定められているからです。

とはいえ、港や橋の建設に伴う海底の土木作業などを行う職業ダイバーの場合は、それ以上に深く潜らなければならないケースも少なくありません。そんなときに利用するのが、ヘリオックスです。

もし、通常の空気を吸いながら深く潜ると、どんな問題が生じるのでしょうか。

空気は窒素と酸素を4対1で混合したガスなのですが、真っ先に悪さをするのは窒素のほうです。窒素ガスは窒素原子2つが結合した分子で、化学的にはとても安定していて、水にもほとんど溶けません。このため、地上の1気圧の状態で空気を吸う場合は、肺に吸い込んでも、大量の窒素が血液に溶けることはありません。つまり窒素は、呼吸運動によって肺に出たり入ったりしているのみで、実質的には単に酸素を5分の1に薄めているだけの存在です。

ところが、海に深く潜るほど水圧が高くなるため、陸上では血液に溶けなかった窒素も、徐々に血液に入り込むようになります。そうすると、窒素が吸入麻酔薬と同じ働きをし、神経の情報伝達が阻害されて「窒素酔い」と呼ばれる現象が起こります。

ダイバーの間では、15メートル深く潜るごとにマティーニを1杯飲んだ程度の麻酔効果が現れるといわれています。実際に私が40メートル潜ったときは、完全に窒素酔いになり、わけもなく笑い出したため、インストラクターの指示で潜水は中止になりました。

ちなみに、たとえ10メートルや20メートルといった浅い潜水でも、それなりに窒素酔いは起きています。海に潜ると、無重力になる感覚、前後左右だけでなく上下にも動けるという開放感、それに何といっても熱帯魚など海中生物の美しさに魅せられるわけですが、本当のことをいうと、こうした感動の一部は、窒素酔いが生み出した単なる幻覚なのかもしれません。

このような窒素酔いも、窒素の代わりにヘリウムを混合したヘリオックスを用いることで予防できます。ヘリウムは高い圧力がかかっても、ほとんど水に溶解しないからです。水に溶解しなければ、肺に吸い込んでも血液に溶けこむことはありません。ヘリウムはそのまま、吐く息と一緒に出てくるだけです。このため、麻酔作用は現れないのです。

ヘリウムは美しい球体

ではどうして、ヘリウムは水に溶けないのか。その理由を知ることも、周期表を読み解くことにつながるので重要です。

水はH_2Oですが、比較的大きな酸素原子は電子を強く引き寄せるのでマイナス、とても小さな水素原子は電子を引き寄せる力が弱いのでプラスに帯電しています。たとえば、食塩(塩化ナトリウム)のようにプラスのナトリウムイオンとマイナスの塩素イオンに分かれるものは、水の酸素原子や水素原子と電気的に引き合うため、非常によく溶けます。

窒素は通常は帯電していないので水には溶けにくいのですが、高い圧力がかかると電子の軌道がゆがめられ、ごくわずかながらプラスの部分とマイナスの部分ができます。これを利用して、水に溶けてしまうのです。

ところがヘリウムは、前後も左右も上下もすべて対称的な完全なる球形です。しかも、軌道は電子が定員満席状態なので、完璧な安定性を誇っています。そのため、強い圧力がかかってもプラスの部分とマイナスの部分に分かれることはなく、ほとんど水に溶解しません。

この章を丁寧に読んでくださっている方は、ここである疑問を持たれたかもしれません。窒素の代わりに混ぜるのは、なにも高価なヘリウムを使わなくても、安いアルゴンでいいのではないか……。

実際、ヘリオックスはものすごく高価です。私を指導してくれたインストラクターは、関西新空港の海底部分の工事に参加した潜水のツワモノですが、関空の工事で使ったボンベはヘリオックスを充填するのに10万円ほどしたと話していました。これでは、レジャーダイバーは手が出せません。もしアルゴンですませられれば価格は大幅に安くなるのですが、残念ながらそうはいかないのです。

周期表の下へいけばいくほど、当然ながら原子は大きくなります。そうすると、いくら希ガスが完全に対称的な球形だといっても、最も外側の電子の軌道は、原子核からずいぶん離れてしまいます。その結果、軌道がゆがめられやすくなるため、高い圧力が加わると球形が維持できず、少量なら水に溶けてしまいます。

計算の上では、ヘリウムのひとつ下のネオンまでは、窒素より水への溶解度が低いのですが、アルゴンでは、すでに溶解度で窒素を上回ってしまいます。つまり、窒素酔いの予防にまったく使えないということです。

キセノンは理想的な麻酔薬

この傾向は、クリプトン、キセノンと周期表の下にいくほど強くなります。なんとキセノンは、麻酔作用の予防が期待できないどころか、試験的ではありますが病院で麻酔薬として使われているのです。

水に溶けるといってもキセノンは希ガスですから、化学反応までは起こしません。ですから副作用がほとんどなく、理想の麻酔薬とも呼ばれています。惑星探査衛星でしか使えないほどものすごく高価なため、臨床の現場で気軽に使うわけにはいきませんが、もし安価に手に入ればキセノンが代表的な麻酔薬になっていたはずです。

このように、窒素酔いを予防するための気体は、次の2つの条件を満たす必要があるわけです。

条件1　電子の軌道の定員がいっぱいであること、つまり周期表の最も右側にある元素
条件2　最も小さい元素、つまり周期表の最も上段にある元素

周期表と照らし合わせると、これがヘリウムだというのが一目瞭然です。やはり希ガスは、周期表の位置から推定できる通りの性質を現実にも示してくれます。これぞ希ガスの美しさ

の真骨頂だと感じさせられます。

第5章では、横一列で性質が酷似しているレアアースは遷移元素の中の遷移元素だと述べました。これに対して、典型元素の中でも最も縦一列が似通っている希ガスは、典型元素の中の典型元素といえるでしょう。ともに周期表の醍醐味を堪能させてくれる元素たちなので、少し丁寧に解説しました。

第7章　周期表からリスクと健康を見きわめる

亜鉛・カドミウム・水銀

元素は、原子炉などで人工的につくられたものを除くと、天然には90種類あまりが存在します。その中には、健康のために摂取することが望ましい元素と、毒性があるので決して摂取してはいけない元素があります。

医学を学ぶにあたり、私はまず元素についての健康情報を暗記しました。その上で周期表を改めて見直してみて、目からウロコが落ちる思いがしたのです。周期表からは、元素の特徴や反応だけでなく、健康や医学についての知識も読み解くことができることに気づいたからです。

周期表を眺めれば、少なくとも次の2つの法則が瞬時に見えてきます。

① 周期表で人体がよく使う元素の真下にある元素は、毒性があることが多い
② 遷移元素が健康に有益か毒になるかは、周期表の横一行がだいたい同じ

「周期表で人体がよく使う元素の真下にある元素は、毒性があることが多い」というパターンを最も典型的に示しているのが、グループ12の亜鉛・カドミウム・水銀です。

亜鉛は宇宙にも比較的多く存在しているため、人体も積極的に利用しています。一方、カドミウムや水銀は宇宙で誕生した量が圧倒的に少なく、人間が文明を持ち鉱物を掘り出すまでは、人体に触れる機会がほとんどありませんでした。このため、亜鉛は健康のために積極的に取るべき元素になったのに対し、カドミウムと水銀は人体にとって毒となってしまったのです。

カドミウムと水銀は、周期表では亜鉛の真下に位置しています。このため、外側の電子の軌道がきわめて似ています。つまり、この3つの元素は化学的な性質もよく似ているのです。これは、健康を守る上で深刻なことです。なぜかというと、たとえ人体に害を及ぼす元素であっても、人体を素通りしてくれれば毒にはなりません。人体に吸収されるからこそ、毒性を発揮するのです。

カドミウムと水銀は、化学的な性質が亜鉛と似ているため、亜鉛を吸収するルートに沿って人体に吸収されてしまいます。人体は亜鉛を必要としています。だから、健康に良かれと思って亜鉛を吸収する仕組みを発達させたのです。しかし、このために想定外だったカドミウムと水銀も吸収してしまうことになったわけです。

ただし、亜鉛・カドミウム・水銀が周期表で縦一列に並んでいることは、人体の健康を守る上で、悪いことばかりとは限りません。実は、これを逆手にとって、健康を守ることもできるのです。

まずは、亜鉛・カドミウム・水銀が、それぞれどんな元素なのか、簡単に解説しておきましょう。

亜鉛（Zn）

私たち人間にとって、亜鉛は必要不可欠な元素です。すべての生物は酵素の働きで命をつないでいますが、人体の場合、なんと１００種類を超える酵素が亜鉛によって活性を高めていることがわかっています。このため、亜鉛が不足すると酵素が十分に機能を発揮できなくなるので、様々な症状が現れます。

亜鉛の不足によって味覚障害が起こり味を感じにくくなるというのは、聞いたことがおありでしょう。舌には、味を感じ取る味蕾《みらい》という組織がありますが、味蕾を健康に保つには、亜鉛によって働く酵素が必要だからです。

中高年の男性にとっては、亜鉛は男性機能を高めるために役立つ成分だというイメージも強いでしょう。実際、タブロイド判の夕刊紙の広告欄には「夜の機能を取り戻せ！　亜鉛のパワー」などといったキャッチコピーが躍っています。残念ながら強精剤のような効果があるわけではありませんが、亜鉛が不足すると精子が形成されにくくなるのは確かです。

精子は、元になる精母細胞が猛烈な勢いで細胞分裂をした結果、つくり出されます。この細胞分裂には亜鉛によって活性化する酵素の力が必要です。このため、亜鉛が不足すると精子の形成にも障害が出てくるのです。

赤血球も、活発な細胞分裂によって次々とつくり出されています。このため、亜鉛が不足すると赤血球も少なくなって貧血が起こります。また、同じ理由で白血球も少なくなるので、亜鉛の不足は免疫力の低下にもつながります。さらに、無月経、皮膚炎、甲状腺機能の低下なども、亜鉛の不足で起こります。

カドミウム（Cd）

カドミウムについて真っ先に思い出すのは、イタイイタイ病という、日本の四大公害病のひとつでしょう。戦前から戦後の高度成長期にかけて、富山県の神通川《じんづう》の流域で患者が多発しました。

イタイイタイ病の原因は、神通川の上流にあった神岡鉱山から、カドミウムを含んだ廃液が流れてきたことです。このため、下流で栽培されていた米にカドミウムが蓄積し、それを食べた住民がイタイイタイ病を発病しました。

イタイイタイ病になると、全身の骨からカルシウムが抜けてスカスカになってしまい、体じゅうで骨折が起こります。ひどくなると、咳《せき》やくしゃみをしただけでも骨折してしまうくらいです。これにより、その名の通り、全身に激痛が走るわけです。

では、イタイイタイ病の原因をつくった神岡鉱山では、どんな元素を採掘していたのでしょうか。「そんなの、カドミウムに決まっているんじゃないの?」と思った方が多いでしょう。実は私も、大学で教わるまではそう思い込んでいました。

実は、神岡鉱山で採掘していたのは、カドミウムではなく亜鉛だったのです。神岡鉱山から採れる亜鉛の鉱石には、不純物として1%程度、カドミウムが含まれていました。これが、神通川を流れてきたのです。

ここまで再三にわたって説明してきたように、亜鉛とカドミウムは同じグループ12の元素なので、地球上でも宇宙空間でも同じ場所に存在していることが多いのです。

そもそもカドミウムが発見されたのも、亜鉛に不純物として含まれていたことがきっかけでした。1817年、ドイツのフリードリヒ・シュトロマイヤーがハノーファー公国の薬局監督長官を務めていたときに、酸化亜鉛を含む薬に不純物が含まれていないかどうか調査する中で、カドミウムという新たな元素を偶然発見したのです。

宇宙に存在するカドミウムの量は、亜鉛の１００分の１よりやや少ない程度です。ですから、神岡鉱山の亜鉛の鉱石にカドミウムが１％含まれているというのは、元素の性質を考えると、ごくごく当たり前のことです。

水銀が生んだ映画のキャラクター像

カドミウムがイタイイタイ病を引き起こしたのに対し、水銀は水俣病を引き起こしました。正確にいうと、熊本県の水俣湾の周辺で発生したのが水俣病、新潟県の阿賀野川の流域で発生したのが第二水俣病です。どちらも化学物質の工場で触媒として使われていた水銀が環境中に漏れ出たために起こりました。四大公害病のうち四日市ぜんそくを除いて、イタイイタイ病、水俣病、第二水俣病の3つもがグループ12の元素が原因だったわけです。

水銀にメチル基が結合してメチル水銀という化合物になると、脂に溶ける性質に変わり、人体に吸収されやすくなります。さらにメチル水銀は、システインというアミノ酸と複合体をつくり、脳にどんどん入っていくのです。その結果、中枢神経が侵され、感覚器に異常をきたす、運動ができなくなる、視野が異常に狭くなる、言葉がうまく話せない、手足が震えるといった深刻な症状が現れるのです。

システインと結合するというのは、亜鉛にもカドミウムにも共通して見られる特徴です。実は亜鉛が健康を守る働きをしてくれる一連の作用の中で、大きなカギを握っているのが、システインと結合することなのです。つまり、亜鉛はグループ12の元素だからこそシステインと結合して健康を守る役割を果たせるのですが、同時に水銀はグループ12の元素だからこそシステインと結合して健康を害するわけです。何とも皮肉ですね。

昔は水銀に対する管理がずさんだったので、様々な分野で健康被害が発生していました。とくに被害を受けたのが、化学反応を利用して金をつくろうとした、当時の錬金術師です。

第2章でも説明したように、金は元素ですので、超新星爆発でも起こらない限り新たに生み出されることはありません。しかし、昔は化学反応によって他の金属から金がつくり出せると信じられていました。水銀はその有力候補である元素だったので、盛んに実験が行われたわけです。その最中に錬金術師たちの体内に水銀が入ってしまいました。

体内に入った量は水俣病のケースと比べるとはるかに少なかったようですが、たとえ少量でも長期間にわたって水銀が体内に入ると、やはり中枢神経に悪影響を及ぼします。その結果、精神に異常をきたしてしまう錬金術師があとを絶たなかったのです。

欧米で製作されたアニメや映画では、常識では考えられないような行動に走る科学者がよく登場します。また、英語には mad scientist（狂った科学者）という言葉もあります。これは、水銀中毒に陥った錬金術師がモデルだといわれています。

当時は水銀が中枢神経を侵す原因だと知られていなかったので、化学実験そのものが原因だという印象が広がったようです。もちろん、現在の研究室は衛生管理が行き届いているので、水銀が体内に入ることはありません。

イオウと仲良くできるかが鍵になる

グループ12の亜鉛・カドミウム・水銀に共通した特徴の中で決定的に重要なのは、イオウと結合しやすいということです。

実は、亜鉛が私たちの健康を守ってくれるのも、カドミウムや水銀が私たちの健康を破壊するのも、究極的にはイオウと結合する性質によるものです。少なくとも人体にとっては、グループ12の元素は、イオウとの結合に始まりイオウとの結合に終わるといってもいいくらいです。

イオウは体内で7番目に多い元素で、原子の数でいうと人体全体の0・04%がイオウです。先ほど、メチル水銀はシステインと結合するために人体に害を及ぼすと述べましたが、これもシステインがイオウを含んでいるから起こることです。

アミノ酸の中でメチオニンやシステインにはイオウが含まれているので、含硫アミノ酸と呼ばれています。イオウは漢字で書くと「硫黄」で、「含硫」とはイオウを含むという意味です。

実は、人体で働く多くの酵素がメチオニンやシステインを含んでいます。亜鉛はイオウと結合する能力を使って、こうした酵素の働きを高める作用を発揮しているのです。

一方、カドミウムや水銀は、やはり酵素が持つメチオニンやシステインと結合してしまうことで、酵素の働きをおかしくします。多くの場合、こうしてカドミウムや水銀が毒性を発揮してしまうというわけです。

イオウと正しく結合する亜鉛が健康の味方、イオウと間違って結合するカドミウムや水銀が健康の敵だといえます。

かつての10倍の水銀にさらされている私たち

文明を持った人類が地下に眠っていたカドミウムや水銀を掘り出してしまったため、微量ではありますが、こうした金属元素が、毎日口から体内に入ってきます。

特に水銀は、紫外線を光に変えるために蛍光灯の内側に塗られている他、かつては体温計や歯科治療の詰め物として幅広く利用されていたため、環境中にかなりの量が漏れ出しているといわれています。

ハイデルベルク大学のウィリアム・ショティック博士は、カナダやグリーンランドの人里離れた泥炭地の地層に含まれる水銀の量を調べました。これによって、過去１万４０００年間にわたって、環境中にどれだけの水銀があったかを推計したのです。

その結果、水銀は16世紀から徐々に増え始め、工業化が進んだ18世紀から一気に増加が加速し、１９５０年代の半ばには、環境中の水銀の量は以前の１００倍の量になったということがわかりました。環境意識の高まりを受け、それ以降は減少に転じましたが、現在でも私たちはかつての10倍程度の水銀にさらされています。

自然界に目を向けると、メチル水銀は食物連鎖の中で濃縮されていくため、食物連鎖のピラミッドの上位にいる動物ほど、メチル水銀の含有量が多くなる傾向があります。このため、日本人が大好きなマグロやカジキ、キンメダイなどには、残念ながら一定量が含まれていることが調査によって明らかになっています。

これを受け、厚生労働省は魚の種類ごとに妊婦が1週間に食べてもよい量と回数を目安として示しています。もちろん、こうした魚を食べ過ぎたからといって、大人であれば水俣病のような深刻な症状が現れるとはとても思えません。ただし胎児の場合は、まさに中枢神経が発達する真っただ中です。そこで念のため、こうした目安が設けられているわけです。

では、日常の生活の中で人体に入ってくる水銀やカドミウムは、まったく何の健康被害も起こさないと断言できるかというと、これは難しい問題です。理論的には、微量であっても重金属が体内に入らないのに越したことがないのは間違いないでしょう。

しかし、実際のところ、微量の重金属が体内に入った場合に、どのような影響が出るのか、科学的に明らかにするのは、きわめて困難なことです。現状では、「ただちに健康への被害が出ることはありません」としかいえません。これは、原発事故で政府や東京電力からさんざん聞かされたセリフと同じですね。

放射線の場合、大量の線量を浴びると、遅くとも2カ月から3カ月以内に白血球が減少して免疫力が低下したり、血小板が少なくなって出血が止まらなくなったりします。これが「急性障害」と呼ばれるものです。これについては科学的なデータがあり、どのくらいの被曝で発生するかわかっているので、それより被曝量が少なければ「ただちに健康への被害が出ることはありません」ということになるわけです。

一方、急性障害を起こさないような低い線量でも、遺伝子が傷つくことによってがんが増える可能性はあります。こちらは被曝してから2年以上が経過して現れるので、「晩発障害」といいます。

これについても一定以上の線量については科学的データがあるのですが、ごくごく少ない線量については人体への影響を研究で明らかにすることが困難です。医者が使っている放射線医学の教科書には、横軸に被曝量、縦軸に発がんの増加を示した図が掲載されているのですが、被曝量が小さいエリアは、実線ではなく点線で示されています。なぜ点線かというと、実験によるデータではなく、推測で線を引っ張っただけだからです。

「ただちに健康への被害が出ることはありません」という無責任な表現は、こうした事情から出てきた苦肉の策の表現だったわけです。

少し脇道にそれましたが、原発事故と同じことが、水銀やカドミウムにもいえます。実際、普通に生活をしていれば、自然に体内に入る重金属などまったく心配する必要はないと主張する研究者がいる一方で、中枢神経への影響は少ない量でも起こると主張する研究者もいます。たとえば、眠くなる、怒りっぽくなるといった症状が、微量の水銀で起こっているといった懸念です。

デトックス療法の功罪

体内にある微量の水銀やカドミウムを力ずくで体外へ出すことはできなくはありません。それが、俗にいう「デトックス療法」というもので、次のような手順で重金属を体外へ捨てます。

まず、水銀やカドミウムと結合する性質を持つキレート剤というものを、点滴で体内に入れます。キレートとは元々は「カニのハサミ」という意味で、化学の構造式で書くと、その名の通り、カニのハサミでつかんだような形で水銀やカドミウムと結合するのです。キレート剤は腎臓でこし取られ、水銀やカドミウムをくっつけたまま、尿と一緒に体外へ出てくれます。

ただし、人体に不可欠な亜鉛なども、キレート剤にくっついて失われてしまいます。そこで、その分は別に点滴などで補っておくわけです。

デトックスという言葉が流行となり、最近では岩盤浴やゲルマニウム温浴なども含め、かなり曖昧《あいまい》に広くこの言葉が使われるようになりました。ただし、医療の世界で使われるデトックス療法とは、具体的にいえば以上のプロセスを指します。

こうしたキレート剤を利用したデトックスは、かなり自然の摂理から離れています。また、他にもキレート剤によって失われる未知の成分があるのかもしれません。この場合は、医者にもわからないのだから補いようがありません。

特殊な職業のため、水銀やカドミウムを大量に体内に入れてしまった場合には、このような治療も必要となるでしょう。ただし、弊害がはっきりしていない日常生活での摂取の場合は、むしろデトックス療法のデメリットのほうが大きいのではないかと思います。

水銀やカドミウムは、現状では「何が何でも備える」といった高い警戒レベルをとるのは、やりすぎでしょう。私は、「念のために備える」という注意レベルくらいが妥当だと思っています。

では、「念のために備える」ためには、具体的にはどうしたらいいのでしょうか。ここで注目したいのが、周期表です。

水銀やカドミウムは、周期表で亜鉛の真下にあるので健康への被害をもたらすというのは、ここまで説明してきた通りです。しかし同時に、亜鉛は周期表の真下にある水銀やカドミウムの健康への被害を防ぐ働きも持っているのです。

水銀やカドミウムが体内に入っていくのは、亜鉛を取り込む仕組みに紛れ込むからです。このため、亜鉛が不足して体内で空席ができると、水銀やカドミウムが取り込まれやすくなります。一方、亜鉛を豊富に摂取していれば、水銀もカドミウムも席取り競争に敗れ、吸収されにくくなるのです。特にカドミウムは、周期表で亜鉛のすぐ下に位置しているので、こうした傾向が特に顕著です。

もちろん、亜鉛が健康に不可欠だといっても、むやみに取り過ぎると善玉コレステロールと呼ばれているＨＤＬコレステロールが減るなど、健康によくない影響も現れます。しかし、加工食品を多くとっている現代人は、亜鉛が不足気味の方が圧倒的に多いのが現状です。普通の食生活をしていれば、亜鉛の過剰摂取で健康被害が現れたといった話は聞いたことがありません。亜鉛が含まれた食材をとるということは、水銀やカドミウムの対策だけでなく、亜鉛不足を防ぐ意味でも積極的に取り組むべきです。

亜鉛は、牡蠣や牛肉、ウナギ、ナッツ類に豊富に含まれています。普段から積極的に取るように心がけることをおすすめします。

典型元素のその他の毒

ちなみに、グループ12の元素で水銀の下にあるのは、コペルニシウム（Cn）という元素です。これは亜鉛などを元に人工的につくられた元素で、化学的な性質は水銀によく似ていると推測されていますが、詳しいことはよくわかっていません。天然には存在しないので私たちの口に入ることはありませんが、もし体内に入ったら、やはり水銀と同様の健康被害をもたらすと考えられています。

ここまでグループ12の亜鉛、カドミウム、水銀について詳しく解説してきましたが、「よく使う元素の真下の元素は毒性がある」という法則は、それ以外でも典型元素については、幅広く当てはまります。このことを、グループ１から順にご説明しておきましょう。

ルビジウムの時計は10万年間狂わない

グループ１

第３周期のナトリウム、第４周期のカリウムは、すでに説明した通りです。

第５周期はルビジウム（Rb）という元素です。

私は、大学院を卒業してから医学部に学士入学するまでの５年間、ＮＨＫでアナウンサーをしていましたが、その当時は、毎日ルビジウムのお世話になっていました。

アナウンサーが最も緊張する瞬間は、時報の直前です。

時報は強制的に流れるので、それまでに原稿を読み終えないと、音声がプチッと切れてしまいます。この音声が切り替わる時刻を、業界用語で「アナ尻」といいます。アナウンスの終わり（尻）という意味です。

この「アナ尻」を防ぐため、新人アナウンサーを苦しめるＮＨＫの時報には、ルビジウムを用いた原子時計が使われています。原子時計というのは、原子や分子を用いて正確な時間を計る時計のことです。

普通のルビジウム時計は、１年間に０・１秒程度しか狂いません。これでもすごいのですが、ＮＨＫで用いられている高性能の時計は、10万年に１秒しか狂わないということでした。ちなみに民放では、これよりはるかに精度が劣る水晶発振式時計を使用しているといわれています。高性能の設備を備えるべきなのか、受信料の値下げを実現するべきなのか、議論は分かれるところですね。

ルビジウムは、医療にも用いられています。原子の最も外側の軌道に電子が１個だけ回っているルビジウムは、体内に入るとセシウム以上にカリウムとよく似た動きをします。この性質を利用して、PET（陽電子放射断層撮影）の検査に使われているのです。とくに心筋梗塞の診断で力を発揮します。

健康な心臓であれば、カリウムは血液と一緒に心臓の筋肉まで運ばれ、細胞の中に取り込まれます。ところが、心筋梗塞を起こして筋肉が壊死《えし》してしまうと、仮に血液の流れが回復しても、カリウムは細胞に取り込まれません。ルビジウムも体内に入るとカリウムと同じ動きをするので、PETでルビジウムの動きを観察すれば、筋肉が活動しているのかどうか、心筋梗塞の状態が正確に診断できるわけです。

医療で用いるくらいですから、微量ならルビジウムは問題ありませんが、大量に摂取するとカリウムの代謝が異常をきたすため、深刻な毒性が現れます。やはり、周期表で人体がよく使う元素の真下にある元素は毒性を持つという法則が当てはまります。

世界の標準時間はセシウムで決められている

グループ1の第6周期の元素はセシウムです。原発事故の後、「セシウムは放射能を持っていて、人類に悪さをする元素だ」というイメージがすっかり定着してしまいました。しかしこれは、セシウムにとっては、はなはだ迷惑な話でしょう。

実際、私自身は原発事故が起こるまで、「セシウムはハイテクを支えるカッコいい元素」という印象を持っていました。なぜなら、世界の標準となる時間は、セシウムを用いた原子時計を基準に決められているからです。

ＮＨＫのルビジウム時計は10万年に１秒の誤差でしたが、セシウム時計は、なんと１４０万年に１秒の誤差しかないのです！　さすがに高価なのでＮＨＫも手が出せませんが、人類の科学技術の進歩が到達した、最も精度の高い時計だといえます。携帯電話やインターネットの通信をとどこおりなく進めるには正確な時間の管理が不可欠ですが、これを根底で支えているのが、他ならぬセシウムなのです。

ルビジウムに引き続き、セシウムも原子時計に使われることは、もちろん偶然ではありません。ともにグループ１の元素なので、最も外側の軌道に電子がひとつだけ存在します。原子時計は、このことを利用してつくられています。

いうまでもありませんが、原子時計に使われているのは安定しているセシウム１３３という同位体です。原子核は陽子が55個、中性子が78個で構成されており、両方を足すと原子量１３３となります。一方、放射能を持っているセシウム１３７は、陽子の数は55個ですが、中性子の数は82個で、４つ多いのです。このため原子核が不安定となり、放射線を出して崩壊するわけです。もちろん、セシウム１３７が原子時計に使われることはありません。

ただし、厄介者のセシウム１３７も、医療の世界では以前から広く利用されています。手術などで用いる輸血用の血液は、使用する前にセシウム１３７によって放射線が当てられています。輸血をするとき、血液型が同じでも白血球の型は違うため、輸血した血液に含まれる白血球が輸血された人の細胞を攻撃しようとします。そうならないように、放射線を当てて白血球を不活性化しておくのです。セシウム１３７の生成は簡単で、安上がりに放射線を当てられるので、幅広く利用されています。

また、セシウム１３７はがんの治療にも用いられています。喉にがんができた場合、手術で取り除くと声を失ってしまいます。そこで、小さながんであれば、放射性物質をがんに埋め込んでがん細胞を放射線でやっつける治療法が実用化されています。セシウム１３７は半減期が長いので、こうした治療に向いているのです。発がんの原因になるとして恐れられているセシウム１３７ですが、がんの治療にも用いられているというのは、少し皮肉ですね。

セシウムが医療で用いられているといっても、それはセシウム１３７の放射能が利用されているだけです。ただし、放射能を持たない普通のセシウム１３３であっても、元素自体が人体に毒性を持っています。

バリウムは実は猛毒

グループ2

左から2列目は、第3周期のマグネシウム、第4周期のカルシウムが人体で積極的に利用されているのはご存じの通りです。

あまり知られていないようですが、第5周期のストロンチウムも骨の中に存在しています。原発事故では放射性のストロンチウムが問題になっていますが、放射能を持たない普通のストロンチウムには毒性がありません。

一方、第6周期のバリウム（Ba）は、人体にはほとんど存在しません。実は、バリウムが体内に入るとバリウム中毒を起こし、呼吸ができなくなって、死亡する場合もあります。やはり、周期表で人体がよく使う元素の下に毒性元素があるという法則が当てはまります。

バリウムが強い毒性を持っているというのは意外に感じた方も多いでしょう。胃の壁の形をX線で写す用途で、医療の検査ではバリウムがかなり広く使われています。「そんなにおそろしい元素なら、検査でバリウムなんて飲みたくない」と思った方も少なくないはずです。

しかし、検査で使うのは硫酸バリウムという化合物です。これは水にも酸にも溶けないいため、飲んでも胃腸の壁から吸収されることはありません。ですから、飲んだ硫酸バリウムは、そのまま胃腸を素通りして便と一緒に出ていくだけです。だから、バリウム中毒を起こす恐れはありません。ただし、バリウムを単独のイオンの状態で飲んだら、たちどころに命の危険が襲ってきます（もっとも、そんなものを飲ませる病院はありませんが……）。

グループ3からグループ11までは遷移元素で、グループ12からは再び典型元素です。グループ12の亜鉛・カドミウム・水銀については解説しましたので、グループ13から駆け足で一気にチェックしていきましょう。

グループ13

第3章で説明したように、第2周期のホウ素（B）は陽子と中性子の数の関係で、宇宙ではそもそも少量しか存在せず、このため人体も積極的に利用はしていません。第3周期のアルミニウム以降も、人体はほとんど使っていないので、グループ13は法則の対象外です。

グループ14

第2周期の炭素は人体を形づくる基本的な元素ですが、第3周期のケイ素は人体には微量しか存在しません。

そもそもケイ素は岩石の中に豊富に存在していますが、水に溶けないので、体内で化学反応を起こすことはなく、生命は利用したくても利用できなかったのです。このため、健康の役に立つこともありませんが、健康を害することもありません。つまり、毒にも薬にもならないわけです。こちらも法則の対象外です。

グループ15

第2周期の窒素、第3周期のリンは人体に豊富に存在し、生きていくために積極的に利用されているのは第3章で説明した通りです。

一方、第4周期のヒ素（As）に毒性があるというのは、どなたもご存じでしょう。和歌山で起こったカレー毒殺事件でも、ヒ素によって尊い人命が失われました。

さらに第5周期のアンチモン（Sb）も猛毒で、実際、殺人事件にも使われています。最もよく知られているのは、１８５３年、英国で起きたウィリアム・パーマー医師による保険金殺人です。

彼は妻や兄弟に生命保険をかけた上で、アンチモンを使って毒殺し、保険金を詐取しようとしました。この事件をきっかけに、英国ではみだりに保険金をかけられなくする法律までできたのです。この法律は、犯人の名前をとって「パーマー法」と呼ばれています。

ということで、グループ15についても、「よく使う元素の真下の元素は毒性がある」という法則がきれいに当てはまっています。

グループ16

グループ16のうち、第2周期の酸素と第3周期のイオウ（S）は、人体が積極的に利用している元素です。問題はその下に位置するセレン（Se）です。

セレンは、ネギや玄米、それに牡蠣《かき》やイワシに含まれる微量元素で、ビタミンEの約500倍の抗酸化力があり、がんや動脈硬化の予防、それに更年期障害の症状の改善に役立つ効果を持っています。このため、セレンは人体に必須の元素です。

しかし、セレンを大量に取り過ぎると、逆にがんを誘発するほか、高血圧や白内障の原因になります。つまり、人体に有益な元素と有害な元素の境目が、セレンにあるといえるのです。実際、周期表でセレンの下に位置しているテルル（Te）には毒性があります。私としては法則の本質部分は当たっていると思うのですが、読者の方から反発を食らいそうなので、ここは控えめに引き分けと判定しておきましょう。

グループ17

グループ17のうち、第3周期の塩素と第5周期のヨウ素（I）は、人間が積極的に利用している元素です。しかし、周期表でヨウ素の下に位置する第6周期のアスタチン（At）は、人工的に合成された元素であり、自然界にはほとんど存在しません。このため、毒性がある・ないとかといった議論は無意味です。

ということで、法則については、グループ17も判定の対象外とします。

グループ18

周期表で最も右に位置するグループ18の元素は、第6章で詳しく説明したように、希ガスと呼ばれ、ほとんど化学反応を起こしません。このため、生命にとっては完全に毒にも薬にもなりません。こちらも法則の対象外です。

遷移元素は、横一行でだいたい同じ性質

グループ3からグループ11までを占める遷移元素は、周期表の縦方向ではなく横方向で元素の性質が似ています。このため周期表を使う場合も、上下ではなく横方向の共通性に注目すべきです。

こうした遷移元素の性質は、毒になるのか健康に役立つのかといった人体への効果に関しても例外ではありません。やはり、横一行でだいたい同じだと考えて結構です。

典型元素についてはグループごとに元素を見てきましたが、遷移元素は周期ごと（横方向）に元素を見ていくことになります。

第4周期の遷移元素は、スカンジウム（Sc）、チタン（Ti）、バナジウム（V）、クロム（Cr）、マンガン（Mn）、鉄（Fe）、コバルト（Co）、ニッケル（Ni）、銅（Cu）です。

この中で人体に最も重要なのは、いうまでもなく鉄でしょう。第3章で説明したように、鉄は赤血球に含まれるヘモグロビンの材料で、これがないと酸素を全身に送り届けることができなくなり、貧血の症状が現れます。また、細胞分裂にも鉄は不可欠なので、鉄が不足す

ると、喉や胃腸の粘膜など、細胞分裂が活発な部位が障害を受けます。

次に重要なのが銅で、欠乏すると、やはり貧血になります。さらに、骨や動脈にも異常をきたし、脳障害も現れます。

コバルトはビタミンB12を構成している元素で、不足すると、やはり貧血になります。

このように第4周期の遷移元素は、いずれについても人体はおおむね微量を必要とすると、大まかに把握しておくと便利でしょう。

第5周期の遷移元素は、イットリウム(Y)、ジルコニウム(Zr)、ニオブ(Nb)、モリブデン(Mo)、テクネチウム(Tc)、ルテニウム(Ru)、ロジウム(Rh)、パラジウム(Pd)、銀(Ag)です。最後の銀以外は、なじみのない元素ばかりかもしれません。第5周期の遷移元素は、すべての元素が人体に対して弱い毒性を持っていると考えて間違いありません。

唯一注意が必要なのは、モリブデンです。モリブデンは、人体にとって必須の元素で、体内で働く酵素の活性部位に存在しています。ただし、人体に必要なモリブデンは、1日あたりわずか0・02ミリグラム、つまり、1グラムのわずか5万分の1に過ぎません。

モリブデンも、基本的には弱いながら毒性のある元素です。ということで、第5周期の遷移元素は人体に対して弱い毒性を持っているという法則は、モリブデンについても当てはまっているわけです。

第6周期の遷移元素は、一見、全部で8つのように感じますが、第5章で説明した通り、原子番号57番から71番までのランタノイドが欄外に書かれているので、実は全部で23個もあります。ランタノイドは、産業界で注目されているレアアースでしたね。ただし、一つひとつの元素の名前はなじみがないものが多く、この中でよく耳にするのは、タングステン（W）、白金（Pt）、金（Au）くらいでしょう。

いずれの元素も宇宙での存在量はきわめて少なく、人体に必要だということはありません。重金属なのでそれなりに毒性がありそうですが、いずれも人体をほぼ素通りしていくので、猛毒でもないといったところです。

ただし、人体への影響については、そもそも研究する意味がなく、実際、ほとんど研究されていないのが実情です。白金の化合物であるシスプラチンが抗がん剤であること、金の化合物が慢性関節リウマチの治療薬に使われていることを知っておけば十分です。

この章では、典型元素に見られる「よく使う元素の真下の元素は毒性がある」という法則と、遷移元素に見られる「横一行でだいたい同じ性質」という法則について解説しました。

元素についての健康情報は、一つひとつをバラバラに覚えようとすると、あまりに複雑で嫌気がさしてきます。しかし、周期表を頼りに分類すると、ずいぶんスッキリした形で健康情報を学ぶことができます。さらに、こうしたとらえ方は単に便利というだけでなく、元素と人体の関わりについての本質にせまっていることも忘れてはいけません。

日常生活の中で元素と触れ合う機会があれば、ぜひそのつど、周期表をチェックしてみてください。断片的だった知識が、周期表の縦糸と横糸によって織り上げられ、使いこなせる知恵へと熟成されることでしょう。

あとがき

本書の締めくくりに、周期表にまつわるクイズを出題しましょう。アメリカ、フランス、ロシア、ドイツ、ポーランドにはあって、日本にないものがあります。それは何でしょうか？　もちろん、元素に関することですよ。

答えは、国名がついた元素です。アメリシウム（Am）やフランシウム（Fr）は、国名がそのまま元素の名前になりました。ルテニウム（Ru）、ゲルマニウム（Ge）、ポロニウム（Po）は、それぞれ、ロシア、ドイツ、ポーランドを表すラテン語のルテニア、ゲルマニア、ポロニアから命名されました。しかし、日本の国名がついた元素は、今のところひとつもありません。

とても悔しいことですが、当然の結果です。なぜなら、そもそも日本人によって発見された元素自体がひとつもなかったからです。

ところが、２０１２年９月、こうした不名誉な記録が、近々一掃されるかもしれないというニュースが世界を駆け巡りました。日本の理化学研究所による原子量113の新元素の発見が、国際的に認められる可能性が広がったのです。命名は発見者にゆだねられるので、その場合、新元素の名前は「ジャポニウム」が有力ではないかといわれています。

こうしたニュースが大きく報じられる理由は、新元素を発見しようと、国の威信をかけて激しい国際競争が繰り広げられているからです。原子の組み合わせに過ぎない化合物とは違い、元素は地球上で普遍の存在です。人類がいつまで繁栄できるのかわかりませんが、少なくとも太陽が赤色巨星となって膨張する50億年後には、地球上の生命はすべて死に絶えるでしょう。しかしその後も、この宇宙が存在する限り、元素は元素であり続けます。そんな元素のスケールの大きさを知っていただきたいと思い、本書を執筆しました。

周期表の本質は、科学が到達した曼荼羅《まんだら》である――。これが、私が最後に贈りたい言葉です。

以前、ネパールを旅したときに、チベット仏教の寺院で巨大な曼荼羅の壁画に出会いました。じっと見つめていると、心の中にうごめいていた雑念がスーッと消えていき、何とも心地良い穏やかな気分になったのを、今でもよく覚えています。

僧侶から、曼荼羅とは調和のとれた宇宙の有り様が描かれているという説明を受けました。その世界観が、周期表と見事なまでに共通していることに驚きました。曼荼羅では、仏の配置が横方向と縦方向の両面できれいに均整がとれています。ひょっとしたら、宇宙の真理を突き詰めていくと、最終的にはこうした姿になるのが必然なのかもしれません。

本書をお読みいただいた今、周期表は単なる元素の一覧表ではないことはご理解いただけたと思います。しっかりとした視点を持って周期表を眺めれば、宇宙や生命の神秘が生き生きとした形で読み取れます。それだけで、ほんの少しではありますが、人生が豊かになるはずです。さらに周期表に思いを馳せれば、曼荼羅を見つめたときと同じように、世俗の悩みやストレスから私たちの心を開放してくれるかもしれません。

そこで私は、学会の研究者仲間を誘い、周期表の魅力を広く一般の方に伝える取り組みを始めました。私が出演している文化放送のラジオ番組でもシリーズ化し、リスナーの方から大きな反響をいただいています。実は、その中のおひとりが光文社新書編集部の三野知里さんで、彼女のご尽力により本書は誕生しました。この場で御礼を申し上げます。

最近は社会人の方でも、積極的に勉強に取り組む人が増えてきました。大人も、生きた知識を効果的に学び取るには、ワクワクする感動で脳を刺激しなければなりません。そのためには、サイエンスが持つ楽しさを心の底から満喫することが必要です。あなたにとって、本書がそんな1冊になれば、著者として最高の喜びです。

東京理科大学客員教授　吉田たかよし

吉田たかよし（よしだたかよし）

1964年生まれ。東京理科大学客員教授。医学博士。東京大学大学院工学系研究科を卒業後、NHK入局。アナウンサーとして活躍した後、北里大学医学部にて医師免許を取得し、受験生専門外来「本郷赤門前クリニック」を開設。医師として活躍するかたわら、数々のテレビ番組にもレギュラー出演中。『仕事力のある人の運動習慣』（角川oneテーマ21）、『20代リアル処世術』（PHP研究所）、『仕事のギリギリ癖がなおる本』（青春出版社）など、著書多数。

元《げん》素《そ》周《しゅう》期《き》表《ひょう》で世界《せかい》はすべて読《よ》み解《と》ける　宇宙《うちゅう》、地球《ちきゅう》、人体《じんたい》の成《な》り立《た》ち

2012年10月20日初版1刷発行
2025年2月5日　　9刷発行

著　者 —— 吉田たかよし
発行者 —— 三宅貴久
装　幀 —— アラン・チャン
印刷所 —— 堀内印刷
製本所 —— ナショナル製本
発行所 —— 株式会社光文社
東京都文京区音羽1-16-6（〒112-8011）
https://www.kobunsha.com/
電　話 —— 編集部03（5395）8289　書籍販売部03（5395）8116
制作部03（5395）8125
メール —— sinsyo@kobunsha.com

ISBN 978-4-334-03711-6

585
孫正義　危機克服の極意
ソフトバンクアカデミア特別講義

孫正義氏が直面した10の危機を取り上げ、どう乗り越えたかを解説。ベストセラー『リーダーのための意思決定の極意』の第二弾。第二部はツイッターを中心とした孫氏の名言集。

978-4-334-03688-1

586
医師のつくった「頭のよさ」テスト
認知特性から見た6つのパターン
本田真美

「モノマネは得意?」「合コンで名前と顔をどうおぼえる?」「失くし物はどう捜す?」…35の問いで知る認知特性が「頭のよさ」の鍵を握る。自分に合った能力の伸ばし方がわかる一冊。

978-4-334-03689-8

587
「ヒキタさん! ご懐妊ですよ」
男45歳・不妊治療はじめました
ヒキタクニオ

精子運動率20%からの出発…45歳をすぎ思い立った子作りで男性不妊と向き合うことになった鬼才・ヒキタクニオの、5年の懐妊トレの記録。角田光代氏も泣いた〝小説のような体験記〟。

978-4-334-03690-4

588
ルネサンス　歴史と芸術の物語
池上英洋

15世紀のイタリア・フィレンツェを中心に、古典復興を目指したルネサンス。それは何を意味し、なぜ始まり、なぜ終わったのか——。中世ヨーロッパの社会構造を新視点で解く。

978-4-334-03691-1

589
ただ坐る
生きる自信が湧く　一日15分坐禅
ネルケ無方

悩みの多い現代人は常に〝考え〟ていて〝頭でっかち〟。坐禅という「考えない時間」をつくることで、一日の内容から、人生そのものまで変わる! 今日から始める坐禅の入門書。

978-4-334-03692-8

590
日本の難題をかたづけよう
経済、政治、教育、社会保障、エネルギー

安田洋祐　菅原琢
井出草平　大野更紗
古屋将太　荻上チキ
＋ＳＹＮＯＤＯＳ編

「ダメ出し」ではなく「ポジ出し」を！——経済、政治、教育、社会保障、エネルギー各分野の気鋭の研究者、当事者が、日本再生のための具体的な戦術、政策を提案する。

978-4-334-03693-5

591
それ、パワハラです
何がアウトで、何がセーフか

笹山尚人

急増する社会問題の背景に何があるのか。「言葉の暴力」「長時間労働」「退職強要」など、パワハラの実例を中心に弁護士が解説。管理職のみならず、ビジネスパーソン必携の一冊。

978-4-334-03694-2

592
なぜ、「怒る」のをやめられないのか
「怒り恐怖症」と受動的攻撃

片田珠美

怒りは抑えたり、無かったことにしても必ず再び現れ、自分や人間関係を傷つける。しつこい怒りを醸成する依存や支配、競争関係に着目し事例を分析。怒りを大切にする方法を説く。

978-4-334-03695-9

593
誰でもすぐできる
催眠術の教科書

林貞年

人の無意識に働きかけて心を操る究極の心理学「催眠術」。催眠誘導の環境づくりから実践テクニック、成功率の上げ方まで、第一人者が一挙公開。これ一冊であなたも催眠家に！

978-4-334-03696-6

594
ロマンポルノの時代

寺脇研

終焉後、四半世紀近く経った今も、人々の記憶に強く残り続ける「日活ロマンポルノ」。本書は、映画評論家として深く関わってきた著者による、16年半の愛とエロスの総括である。

978-4-334-03697-3

595
東京は郊外から消えていく！
首都圏高齢化・未婚化・空き家地図
三浦展

居場所のない中高年、結婚しない若者、空き家率40％予測……。さまざまな問題が大量発生する首都圏を舞台にした住民意識調査から、これからの都市と郊外のあり方を提言する。

978-4-334-03698-0

596
病院は、めんどくさい
複雑なしくみの疑問に答える
木村憲洋

長時間待たされる、医者の説明がよくわからない、薬局が外にある……。具合が悪いのに、病院に行けばめんどうなことばかり。医療現場の表も裏も知る著者がナゾを解明！

978-4-334-03699-7

597
この甲斐性なし！と言われるとツラい
日本語は悪態・罵倒語が面白い
長野伸江

女を罵りたいとき、男を罵りたいとき、愛を囁くとき、悲しみにうちひしがれたとき、人生につかれたとき、一発ぶちかましてみませんか。豊饒なる日本語の世界に分け入る一冊。

978-4-334-03700-0

598
東京いいまち 一泊旅行
池内紀

一夜をともにして、初めて知る「東京の町」の素顔…。都心から郊外、山の手から下町まで。これまで幾度も通りすぎてきた町との新たな出会い。一人旅の名手が訪ねた東京20の町の記憶。

978-4-334-03701-7

599
沖縄美《ちゅ》ら海《うみ》水族館が日本一になった理由《わけ》
内田詮三

上野動物園を抜いて「沖縄美ら海水族館」が入場者数日本一になったのは2008年。そこには「世界一」と「世界初」を目指した水族館づくりがあった。前館長が裏側を語る。

978-4-334-03702-4

600
現場力の教科書
遠藤功

早稲田で人気№1授業の書籍化第2弾。あらゆる経営戦略にはそれを実行する「現場力」が不可欠。全18回の講義では様々な企業の現場を取り上げ、「現場力」の本質に迫る！

978-4-334-03703-1

601
もうダマされないための経済学講義
若田部昌澄

トンデモ経済学にはもうダマされない！　気鋭の経済学者が、歴史と絡めて経済学の基本を解説。「難しい」「わからない」という人のために「見えざる手」を見える化する。

978-4-334-03704-8

602
ヤクザ式　一瞬で「スゴい！」と思わせる人望術
向谷匡史

ビジネスの成功に不可欠な〝人望力〟を身につける一番の方法は、〝人たらし〟のプロ＝ヤクザに学ぶことだ！　長年ヤクザを取材してきた著者が、最強のノウハウを伝授。

978-4-334-03705-5

603
「ゼロリスク社会」の罠
「怖い」が判断を狂わせる
佐藤健太郎

化学物質、発がん物質、放射性物質……何が、どれくらいあるとどれだけ危険なのか。この時代を乗り切ってゆくために必要な〝リスクを見極める技術〟を気鋭の科学ライターが伝える。

978-4-334-03706-2

604
「ネットの自由」VS.著作権
ＴＰＰは、終わりの始まりなのか
福井健策

「情報と知財のルール」を作るのは誰か。その最適バランスとは？　これからの10年、論争の核となるアジェンダを第一人者が解説。〈巻末にＴＰＰ知財リーク文書抄訳を公開〉

978-4-334-03707-9

605
やせる！
勝間和代

「やせる！」とは、生活習慣病にかからず、健康で長生きできる体をつくること！「なかなかやせられなかった」著者の実体験をもとに、日々の生活に役立つ具体的方法を綴る。

978-4-334-03708-6

606
飯田のミクロ
新しい経済学の教科書①
飯田泰之

経済学の基本的な思考法を身につけたいならミクロから始めるべし！複雑な数式は不使用。「難しそうだけど気になる」「教養として学んでおきたい」人にピッタリの新しい入門書。

978-4-334-03709-3

607
野比家の借金
人生に失敗しないお金の考え方
坂口孝則

住宅購入、保険加入、結婚、子どもの教育、転職・独立。人生でぶつかるお金の大問題をどう解決すべきか？「決断」を導くための考え方を、国民的人気マンガを用いてやさしく解説する。

978-4-334-03710-9

608
元素周期表で世界はすべて読み解ける
宇宙、地球、人体の成り立ち
吉田たかよし

元素の化学進化、摂り込む栄養を間違う身体のメカニズム、不安定な電子が起こす化学反応など、元素周期表というアプローチから自然科学の面白さを知る、入門の一冊！

978-4-334-03711-9

609
構図がわかれば絵画がわかる
布施英利

美術史や文化の知識がないと芸術は読み解けない？　それは大まちがい。芸術には、構図という共通言語があるのだ。一流画家の構図のセンスから、美が生まれる秘密を解き明かす。

978-4-334-03712-3